SMART CITY 5.0

SmartCity5.0

地方創生を加速する都市OS

アクセンチュア 戦略コンサルティング本部
マネジング・ディレクター
海老原 城一

アクセンチュア・イノベーションセンター福島
センター長
中村 彰二朗

インプレス

はじめに

「東北、特に福島は復興に長期間を要することが想定される。だからこそ、単なる復興支援ではなく、多くの雇用を生み出す新たな事業を福島で興してほしい！」

会津若松市で地域プロデュース事業を手がける会津食のルネッサンス（現・本田屋本店）の代表で、福島県代表として参加した本田 勝之助 氏が発したメッセージだ。2011年3月11日に発生した東日本大震災から約1カ月後の4月20日、被災地の復興支援策を協議するために開かれた復興会議でのことだった。

当時、被災者の安全や衛生環境を確保するため、被災地では復旧作業が急ピッチで進められていた。社会的責任を果たすべく、日本中の名だたる企業が復興支援チームを組んで支援策を模索していた。

アクセンチュアも復興支援チームを立ち上げ、ボランティアに行ける者、義援金を出せる者を募るといった具合に、当初はできる範囲のことから支援を始めた。しかし、コンサルティング企業である私たちが考えるべき課題はもっと先にあった。ライフラインが復旧した後、家も仕事もなくした彼らの生活を立て直すにはどうしたらいいのか。その時に必要となる支援は何か。私たちは机上の空論を繰り返していた。これは私たちに限らず、他の企業や政府も同じだったと思う。

こんな状況を打破するため、動いたのは経済産業省だった。岩手・宮城・福島の3県から代表者を東京に招き、「被災地は今、何を求めているか」という〝生の声〟を伝える会議を開いたのである。それが前述の復興会議だ。現地の声を聞こうと、会議には業界問わず数百人もの人が集まっていた。復興会議を主催した経済産業省の担当官が発した「ここに参加している皆さん一人ひとりが何を考え、どう行動に移すか？日本の将来は、皆さん個人と各企業の行動にかかっています」という言葉は、今でも心に残っている。

後日、アクセンチュア復興支援チームは本田氏をお招きし、被災地のメッセージを直接伝えてもらった。そして2011年6月8日、異例の速さで拠点開設を目的とした福島訪問が実現した。その日、本著者である海老原と中村を含むアクセンチュア復興支援メンバーの3人は、福島県南相馬市の現状視察から福島県を表敬訪問した後、会津若松市に向かった。

　磐梯山の麓から会津若松市の盆地に下る坂道で、３人で見た光景は忘れることができない。これぞまさに「コンパクトシティ」だと感じた。会津若松市は盆地のため、周囲の山々から見下ろされている。磐越道の猪苗代ＩＣ（インターチェンジ）から会津若松ＩＣに向かう長い下り坂を下っていくと、ひとかたまりになった街の中心地と山の裾に集落が点在しているのが見えてくる。中心の都市部と周辺の限界集落という風景は、まさに会津若松市をハブとして近隣自治体が連携している「コンパクトシティ」のイメージそのものだったのだ。人口も12万人と多くない。このとき、３人は皆、示し合わせたかのように全く同じ印象を抱いていた。会津若松市の復興改革デザインの青写真は、こうしてイメージされていった。

　２０１１年7月26日、会津若松市と、会津大学、アクセンチュアが共同で、福島の復興に向けた産業振興・雇用創出の取り組みを開始するとプレスリリースを配信した。ここから、壮大なスマートシティプロジェクトがスタートしたのである。

　これらの経緯からもわかるとおり、このプロジェクトの始まりは、純粋な復興支援だった。しかし、私たちが会津若松市のスマートシティ化こそ地方創生につながると気づくまでに、それほどの時間はかからなかった。

実は、私たちがいち早く福島に復興支援チームの拠点を立ち上げられたのには理由がある。当時アクセンチュアは日本でビジネスを始めて50年を迎え、日本への恩返しとなるプロジェクトを計画していたのだ。そんな最中に東日本大震災が発生。その恩返しプロジェクトは急遽、社長直下の復興支援プロジェクトへと切り替えられることになった。

さて、私たちが活動してきた会津若松市の人口規模は「日本国民1億2000万人の1000分の1」である。会津若松市が取り組む実証実験や市民オプトイン型の現状は、規模こそ小さいが〝スモールステップ、ジャイアントリープ（小さく始めて大きく育てる）〟だ。

これが他の地方都市にも広がっていくことで、日本のスマートシティの進歩、政府が掲げる「クラウド・バイ・デフォルト（クラウドサービスの利用を第一候補として検討すること）」の実現につながると私たちは考えている。会津若松市で始めたことが今後、日本全国にじわじわと広がっていくはずだ。スマートシティは今後も進化し続けていくだろう。

スマートシティに終わりはない。会津若松市でも、市民の参加率をもっともっと高めていかなければならないし、実証事業を行うためのインフラ整備もまだまだ改善の余地がある。継続していくために予算をどう捻出するかという課題もある。

私たちが会津若松市に拠点を構えて7年10カ月。復興の象徴として始めたスマートシティプロジェクトをスタートさせてから約8年が過ぎた。２０１９年4月22日には雇用創出の場としての「スマートシティＡｉＣＴ（アイクト）」も完成し、第１ステージとして計画した内容は、ほぼ成し遂げたといっていいだろう。

本書では、２０１１年3月11日に起きた東日本大震災の復興支援から始まり、地方創生を成し遂げるためにデジタルをどう活用してきたか。地域の皆様の参加によってスマートシティプロジェクトをどう育ててきたか。そして、産官学民が集まれるスマートシティＡｉＣＴができたことで加速する第2ステージの計画や、その先に見えてくる日本の他地域におけるデジタル地方創生の展開についても触れていきたい。

少子高齢化、労働力不足という課題先進国である日本において、デジタルを活用して地方創生を成し遂げることの重要性は言うまでもない。この8年にわたる会津プロジェクトの軌跡を明らかにすることが、日本の明るい未来を切り拓くスマートシティへの変革に携わる皆さまの一助になれば、これほど嬉しいことはない。会津プロジェクトに関わるすべての皆さまへの感謝を込めて、本書を贈りたい。

CONTENTS

CHAPTER 3

SmartCity5.0が切り拓くデジタルガバメントへの道程

CHAPTER 4

世界に見るSmartCityの潮流

CHAPTER 5

【対談】会津若松の創生に賭ける人々

CHAPTER 1

地方都市が抱える課題の共通点とSmartCity

1-1

〝人に選ばれる街〟になるための地方創生

地方から若者が流出する理由は古い産業政策にある

東京大学大学院客員教授・増田 寛也 氏が座長を務める日本創成会議・人口減少問題検討分科会は、2014年に出した『成長を続ける21世紀のために「ストップ少子化・地方元気戦略」』（通称『増田レポート』）において、人口減少による地方都市消滅の可能性を指摘している。

日本の発展を支えてきた製造業は、グローバルでの競争力を強化するために、生産工場を人件費の安い海外に次々と移転させてきた。そうした動きはリーマンショックで加速され、地方で働く場所は減る一方だ。このことが若者の都市部流出に拍車をかけ、地方の人口減少が止まらない。

しかし今日、同じ地方都市でも「人に選ばれる街」と「選ばれない街」に2極化している。選ばれる街では人口が増え、工場や営業拠点ができ経済が活性化する。かたや選ばれない街には人が住まなくなり、企業も撤退する。会津地方の中心都市であり、江戸時代には会津藩の城下町として栄えた会津若松市もまた、「人に選ばれる街」になるため必死にもがいていた。

今の日本には、人に選ばれない街がたくさんある。そして、人に選ばれない街の人たちはみな同じことを言う。「働く場所が欲しい」「企業を誘致して欲しい」——。働く場所がないところに人は住まない。どれほど住環境が快適であっても仕事がなければ、人は暮らしていけないからだ。

そこで地方は、生産工場の誘致に力を入れてきた。たとえば行政が工場用地を造成して土地を無償貸与したり、3年間の固定資産税をゼロにしたり。さらには、「この地域では月収20万円ほど出せば人を雇えます」などと熱心にアピールする担当者さえいる。

しかし、このようなやり方はまるで高度成長期と変わっておらず、仕事の付加価値が注目される現在にあって、行政自らがその地域の財産である人の可能性を潰してしまっている。このままでは都市部との格差がますます広がるばかりで、地方創生は実現できない。

「高付加価値産業の仕事」が地方に力を与える

衰退する地方都市を復活させ、選ばれる街にするにはどうすればいいのか。私たちの答えは、「高付加価値の仕事を作ること」にある。それができない限り、若者の都市部流出に歯止めをかけることはできないからだ。

会津大学が自校の学生を対象に実施したアンケートによると、6割が「就職先は東京ではなく、地元がよい」と答えている。しかし、東京にしか希望の仕事がないので、しぶしぶ東京に移住するのだ。

そこでアクセンチュアは、会津若松市にパートナー企業を呼び込むことで転入を増やし、会津大学の卒業生を地域で雇うことで転出を減らせるのではないかと考えた。転入を増やし、転出を減らす。地方創生としては非常にシンプルなモデルといえよう。

これには、具体的に次の二つの方向性がある。

①首都圏の高付加価値機能の一部を地方へ移転する

②次世代を担う新産業を地方で育成する

これらはネットワーク社会になったことで実現可能な分散社会モデルである。分散社会モデルとは、さまざまな社会の構成要素を、従来の中央集権的なシステムから分散型のシステムへ転換させようとするものだ。

1972年、総裁選を控えた田中 角栄 氏は、過密と過疎の均衡を実現するために「日本列島改造論」を発表した。太平洋ベルト地帯に集中しすぎた工業の再配置と、それに向けた地方の交通・通信の高度化を図るものだ。しかし、約40年経った現在でも、首都圏には産業の中枢機能が集中し、地方には生産や運用といった機能が中心という産業構造はほとんど変わっていない（**図I-1**）。

機能の一部を地方へ移転させるという考え方は「第二日本列島改造論」とも呼ぶべきものではあるが、単に地方に工場を作るという話ではない。ドイツのように、都心に置いておく必要がない高付加価値産業の一部機能を地域に分散するという、産業構造そのものを変えるモデルなのだ（**図I-2**）。会津若松市では、ICT専門大学である会津大学の立地を活かした研究開発拠点を誘致するということに当てはまる。

もう一つの方向性は、東京でやる必要性のない産業、たとえばアナリティクス人材の育成や実証実験フィールドの提供のような新たな産業を会津若松市で育てるというものである（**図1-3**）。これらの産業は、デジタルシフトが進む世界において不可欠だ。

二つの方向性には、どちらも産業を地方に移転するという特徴がある。重要なのは、移転する産業が「高付加価値であること」だ。高付加価値でなければ、若者が望む就職先になり得ない。

工場を誘致してくる従来の産業モデルでは賃金が安く抑えられる。しか

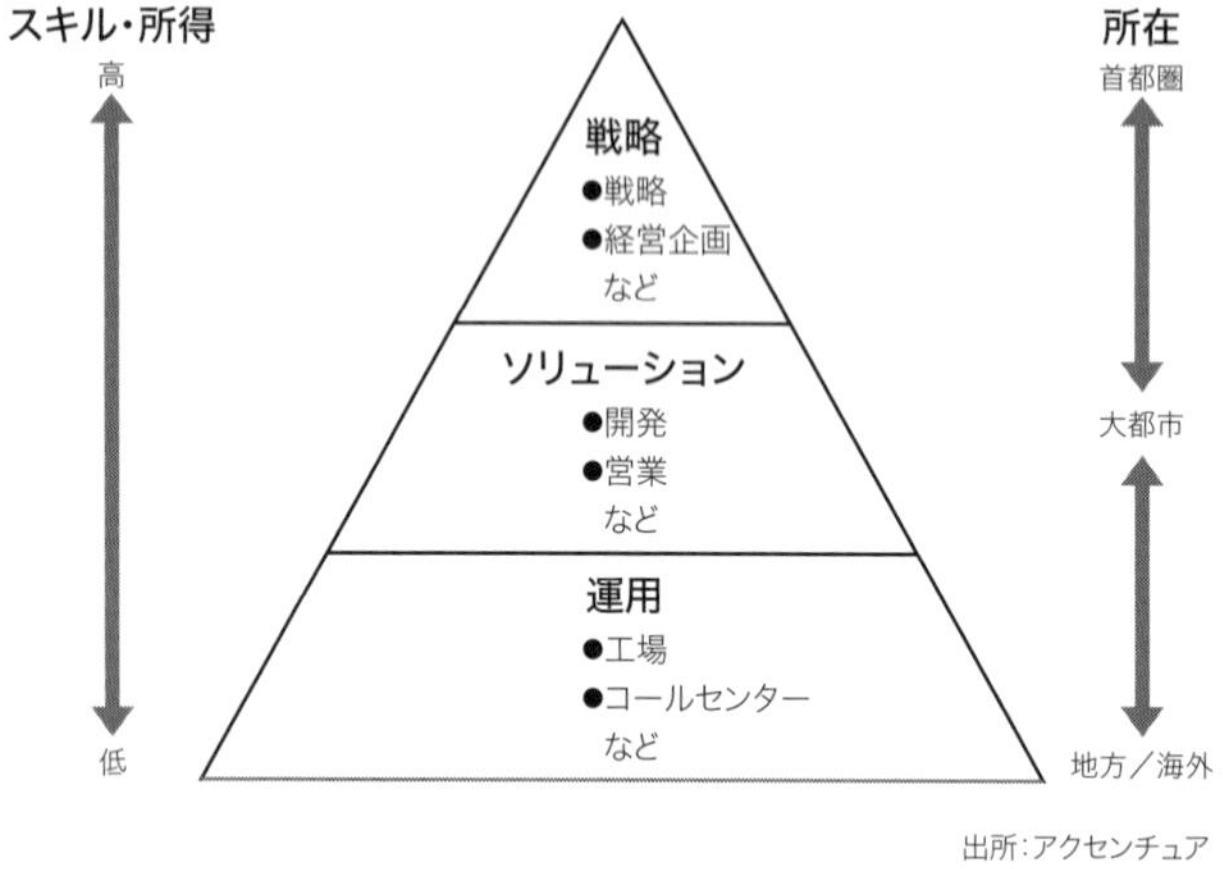

図1-1 首都圏に中枢機能が集中し、地方は生産や運用中心という産業構造は、ほとんど変わっていない

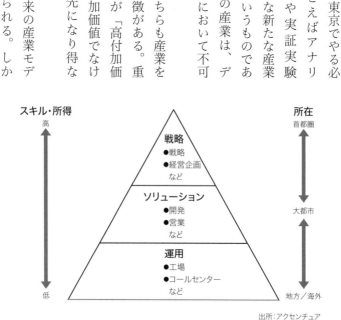

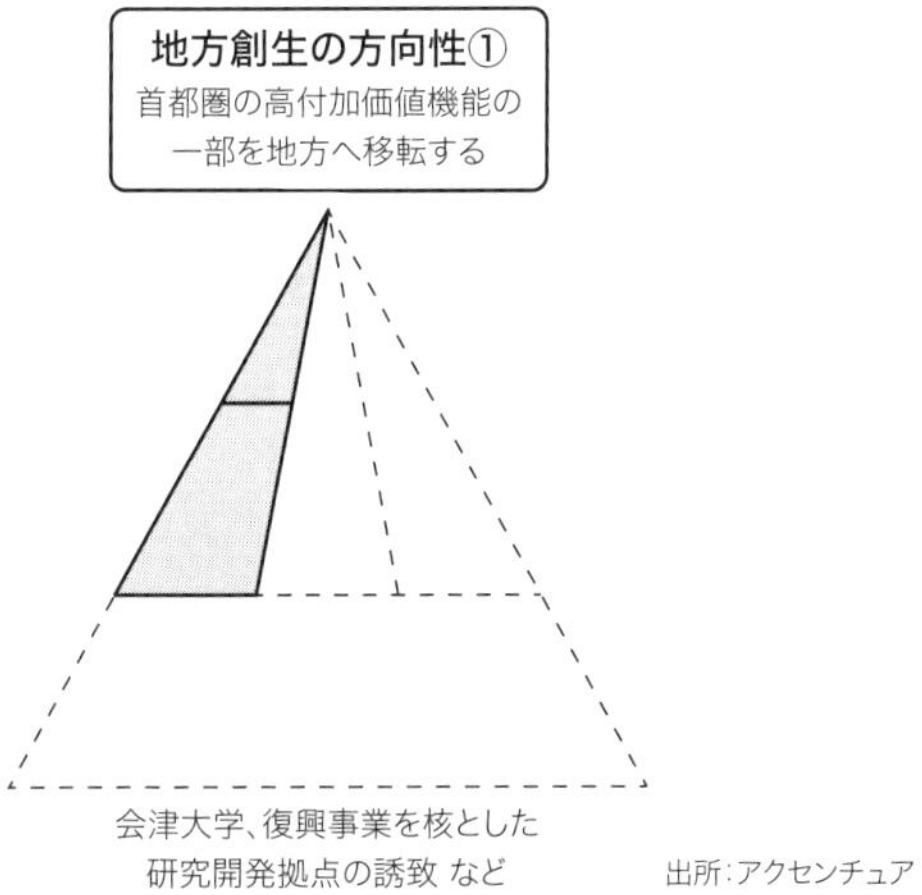

図1-2 地方創生の方向性の一つは、首都圏の高付加価値機能の一部を地方へ移転すること

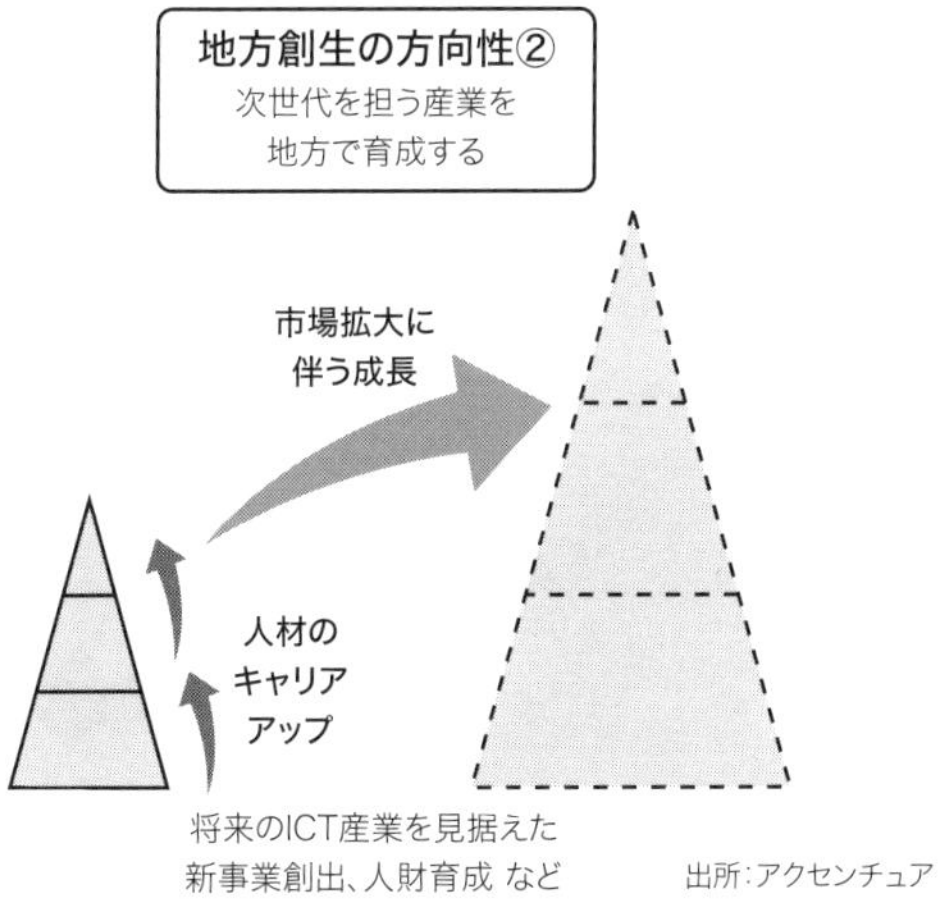

図1-3 次世代を担う産業を地方で育成するのが、地方創生のもう一つの方向性

し、仕事がグローバルとつながり、高付加価値化する分散社会モデルであれば、年収は成果に伴ってどんどん上がっていくはずだ。

事実、「スマートシティAiCT（アイクト）」という500人を収容できるインテリジェントビルが開所した会津若松市は、2019年になって土地価格が上がりだした。誘致した企業を通じて人が転入し、人口が数百人増えることによって、2020年度には2億〜3億円の税収増も見込めるという。

このように、「地方に高付加価値の仕事を作ること」は、地方創生の確かな一手だ。アナリティクスのような高付加価値で場所を選ばない機能を地方へ移転し、次世代を担う産業として育てていくことで、既存産業と共存しながら地方経済を引き上げる役割が担える（**図1-4**）。

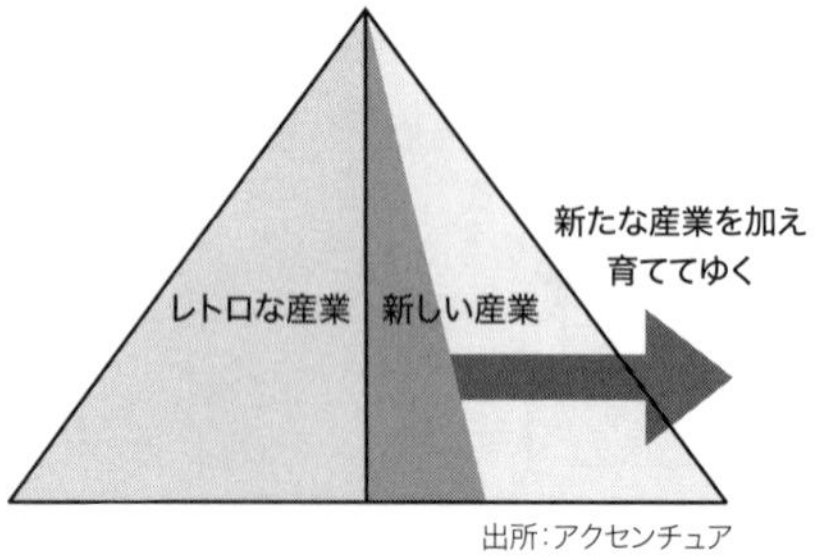

図1-4 地方に高付加価値かつ高賃金の仕事を作ることが地方創生につながる

選ばれる街になりつつある会津若松の姿

先ほど説明した二つの方向性が具現化した例について、詳しくお伝えしていく。会津若松市は、実証実験のフィールドとして選ばれる街になりつつある。実証実験フィールドには大きな需要がある。それは、デジタルシフトを成し遂げるカギになるのが、デジタルとリアルの融合だからだ。インターネット社会はすべてデジタル空間で処理できるため物理空間を必要としない。しかし、デジタルシフトは物理的な世界で起きる。たとえばロボットや車両を動かすための土地や、自治体や医療機関が保有する機密データを取り扱うための物理的な場所を要するのである。

さらに、デジタルシフトを広く受け入れてもらうためには、市民の賛同が必須だ。市民を取りまとめる行政の力も必要になる。会津若松市は、行政、商工会議所、病院、大学など、すべての関係各所が実証実験を行うことを許容し、新しいテクノロジーの実証実験を積極的に受け入れる場所として打ち出している。そのため、実証実験を行う企業は地元での交渉が他の地域と比較して容易である。

すでに、このフィールドをＡＩ（人工知能）・ＩｏＴ（モノのインターネット）・ロボット・ドローンなどの実証実験に活用したいという要望が多数寄せられている。その一例として慶應義塾大学の学生がマウスピースをはめると自動で歯を磨いてくれるという歯磨きロボットを開発し起業した。特に高齢者の歯磨きは大変なため、これからの介護現場には、こういった商品が欠かせない。

しかし、商品化するには実証実験が必要だ。慶應大学発のベンチャーなのだから慶應病院で行えばいいと考える人もいるかもしれない。しかし、大手の慶應病院で実証実験を実施することはハードルが高かったようだ。そこで、会津若松市にある病院が、その実証実験を受け入れたのである。

今注目の、自動運転の実証実験も同様だ。実証実験を実施するには、今回はA県B市で、次はC県D市でというように実験地が異なれば、そのたびに行政や警察署など関係各所とゼロから交渉しなければならない。それが会津若松市なら、すでにそうした素地が整っている。

スマートシティプロジェクトを始めて約8年。デジタルシフトのための実証実験の拠点として、会津若松は注目され始めている。会津若松市は、デジタル化を牽引する地域になり、データを活用した産業クラスター、いわば日本での「ディープデータバレー」を目指しているのだ。

1-2

市民を巻き込むための「自分ゴト」化の仕掛け

スマートシティ化で街のプラス面を強化し、市民にワクワクしてもらう

図1-5は、スマートシティの戦略を示したものである。左側がマイナスを削減する戦略、右側がプラスを創出する戦略だ。スマートシティを成功させるには、この両方が必要になる。

ところが日本では、スマートシティというとマイナス面を削減すること、つまりは省エネルギーと再生可能エネルギーによるCO2削減が中心になっている。この流れは、京都議定書から始まったものだ。

だがしかし、CO2削減のためだけでは市民はなかなか動かない。一部の環境保全に熱心な人たちを除けば、環境問題に取り組まなければいけないことは理解していて

も、具体的な行動を起こすことはほとんどない。結果、環境対策は行政中心に行われることになる。

事実、２０１６年４月からエネルギー完全自由化がスタート。多くの新電力企業が市場に参入し再生可能エネルギーの発電量は一気に増えた。しかし、自分の意志で再生可能エネルギーを選択し購入している市民は一部のイノベーターに留まっているのが現実である。

我々が描くスマートシティは、従来のように環境対策を行うと同時に、プラス面を重視する。市民から見て住みたい街か、企業からみて立地したい条件を満たしている街か、旅行者からみて訪れたい街かなど、その街では当たり前だと思われている文化

“低炭素化社会”
— マイナス面を削減する戦略 —

- **CO2排出の軽減の実行**
  人類の持続可能性からの要請として、都市の低炭素化は不可欠
- **再生可能エネルギー＋省エネルギー**
  国民1人ひとりのエネルギー選択と省エネを実現することが最も重要

“魅力の強化”
— プラス面を創出する戦略 —

- **世界の都市が、市民、企業、投資、旅行者を奪い合う時代**
  市民から見て“住みたい都市”か？
  （医療・教育・居住環境・・・）
  企業から見て“立地したい都市”か？
  （人材確保・資源確保・・・）
  民間および公的資金から見て“有望な投資先”か？
  旅行者から見て“訪ねたい都市”か？

出所：アクセンチュア

図1-5 スマートシティの二つの戦略

や資産、生活環境を改めて見直すことで、プラス面を強化していくのだ。

これこそが地方創生を成し遂げる重要なポイントだと考えている。スマートシティ化の成果の先には地方創生があり、デジタルシフトの領域を広げることによって、発展させることができる。継続できれば人が集まり、企業も集まる。データを収集し、蓄積していけば、それに基づいた新たなサービスもスタートできる。これをアジャイル的に3カ月に1回、実施しているのが会津若松モデルのスマートシティだ。

今、会津地域に住んでいる人たちは、ワクワクしているだろう。スマートシティAiCTが完成し、企業も人も増え、次々に新しいサービスが登場する。「2020年は、あの地域に自動運転が走り出すらしい」「病院で診察後、待たずにキャッシュレス決済できるようになるらしい」などという話が日常的に起きているからだ。ワクワクしている人が発信していくことで、今まで傍観していた人も参加したくなる。「自分のアイデアを実現してくれるかも」「自分も一員として参加できるんだ」「これが実現できれば、自分にも家族にも社会にも良いことがある」と思う人たちが増えている。

スマートシティが成功するかどうかは、いかに多くの市民に賛同してもらい、自ら参加していただけるかにかかっていると言ってよい。ワクワク感の継続も一つのポイントだろう。

納得感をもって参加してもらうために「オプトイン」方式を採用する

もしも「市民を巻き込む」ことに失敗すれば、スマートシティへの変革も失敗に終わる。それは、あの米グーグルですら、カナダ・トロントで展開するスマートシティプロジェクト「Sidewalk Toronto」が市民の反対運動によってストップしたことからみても明らかだ。反対運動が起きた原因は、グーグルが市民の同意を得ずにデータを利用しようとしたことにある。

本人の同意を得ずにデータを活用するモデルを「オプトアウト」という。一気にデータ量を集めやすいので、その点ではメリットは大きい。だがスマートシティの失敗例の多くが、このオプトアウト方式を採用している。スマートシティプロジェクトにおいて住民は、たまたまその地域に住んでいただけであり、自らそのプロジェクトの支援者になったわけではない。それなのに、自分たちの知らないところで勝手にデータを収集・利用されたことに住民は怒りを覚えるからだ。

そこで、会津若松モデルでは、データを収集する目的を明確に示し、データを市民自らに提供してもらう「オプトイン」方式を採用している。パーソナルデータはセンシティブなので、取り扱いは極めて慎重に、徹底して行うことが求められる。会津若松モデルでは、パーソナライズされたヘルスケアサービスも計画していたため、当初から情報の取り方には留意していた。

オプトインにするか、オプトアウトにするか。この5年ほど世界中で議論されていたが、最近ではオプトインが主流になっている。それは、オプトアウト方式にした場合、大量に収集・蓄積したデータを分析評価して、その結果を戦略には活用できるが、本人に了承を得ていないがために分析結果を本人にフィードバックできないという不都合があるからだ。

これに対しオプトイン方式であれば、パーソナルデータを活用したサービスを利用することで、提供したデータを自分でも活用できる。たとえば会津若松モデルでは、「エネルギー見える化プロジェクト」が走っている。スマートメーターを使って電力消費データを収集しており、家族構成や、誰がどのくらい電気を使っているのかなどが、ほぼリアルタイムで見える。そのデータの分析結果から、省エネ方法をレコメンデーション（お勧め）する。市民は、その分析結果をいつでも閲覧でき、効果的な省エネ対策を実践できる。

エネルギー見える化プロジェクトによる電力の削減効果は、2019年2月時点で平均27%になっている。会津若松市は寒さが厳しいこともあり、冬場の電気料金は月額3万～4万円にもなる。これが3分の1減れば、1万円強も浮くということだ。

省エネは電気代削減で家計に優しく、しかもCO2削減で社会貢献にもなる。さらに、そのデータを地域の再生可能エネルギーを供給する電力会社が分析すれば、産業政策にもつながる。まさに「三方善し」だ。市民に善し、社会に善し、企業に善しの「三方善し」になったとき、スマートシティは成功すると私たちは確信している。

エネルギー見える化プロジェクトは、市民の行動変容をうながした成功例でもある。リアルタイムにエネルギーデータを見たからこそ、市民は使っていない部屋のエアコンや照明を消したり、掃除機をかける時間を短縮したりという行動を起こした。従来のように月末に郵便受けに電気料金表が届くだけでは、行動変容は起きにくい。どのようにデータを見せるかによって、その効果は全く異なる。

このように、スマートシティにとってオプトインであることはとても重要だ。自分の意思でデータを提供してくれた人が、きちんとデータ分析のメリットを感じられれば行動を起こしやすい。一目でわかる効果があれば、人は参加したくなるものだ。

会津若松市でも、最初はプロジェクトに抵抗感のある市民も多く、市民参加率は低かった。しかし少しずつ増えていき、2019年2月時点では約20%に相当する約2万4000人が参加している。これは日本の数あるスマートシティプロジェクトの中でもトップをいく数字である。

1-3

デジタルに向けた会津若松市の資産と課題

私たちが会津若松を拠点に選んだ理由

「はじめに」で述べたように、会津若松市におけるスマートシティへの変革は、震災の復興支援プロジェクトとしてスタートした。最初からスマートシティ化やデジタルシフトを考えていたわけではなかった。

この計画が描かれた最初のきっかけは、2011年に復興支援メンバーの3名が福島を訪れた際、福島県庁で当時の観光商工労働部長と、会津若松市の菅家 一郎 市長、会津大学の角山 茂章 学長と面談したことだった。

会津大学は、1993年に開校した日本初のコンピュータサイエンス専門の公立大学である。東京大学名誉教授の國井 利泰 教授が初代学長となり、海外から優秀な研究者やエンジニアを教員として招聘して開校された。1学年の定員が240人という規模に対して100人余りの優秀な研究者を有し、文部科学省からスーパーグローバル大学（全37校）の一つに指定されているほか、『世界大学ランキング日本版』でも14位に入っている。起業家精神も旺盛で、会津大学発のスタートアップ企業数は29社あり、公立大学では最も多い。

会津大学があったことが、会津若松を復興の拠点にしようと考えた一つの理由であるが、会津若松こそふさわしいと考えた理由は、以下の五つだ。

理由1：会津若松市内には大熊町から多くの避難者が暮らしている。アクセンチュアのメンバーも一緒に暮らすことで、復興に向けた現場の素直な意見が聞けるのではないか

理由2：広域の会津地方（17自治体）では、千葉県と同等の面積の中に約28万人が暮らしている。まさに会津若松市を中核としたコンパクトシティである

理由3：復興には雇用創出支援が重要であり、これからの時代に必要な人材の育成拠点として会津大学がある。しかも成長産業であるIT人材育成を専門とする単科大学である

理由4：会津若松市が復興支援物資のハブセンターになったことからも明らかなように、周辺地域の交通のハブであり、太平洋と日本海の中間地点という好立地である

理由5：日本有数の歴史的観光地である会津地域は、原発事故問題を抱えた「FUKUSHIMA」の風評被害を払しょくするきっかけを作り得る地域になり得る

約12万人という人口もちょうどよかった。たとえば、100万人規模の政令指定都市になると、ステークホルダーが多くなり、調整期間がかかるため意思決定までに多くの時間を要する。実証事業プロジェクトを迅速に進めるためには、このくらいの規模がぴったりだったといえる。

復興支援の観点から考察したこれらの観点は、その後の地方創生へ向けた方針の基礎に引き継がれている。

会津地域が持つ〝資産〟を最大限に生かすための連携

当時、福島県から撤退する企業が相次いだ。東京から関西や九州、アジアへ避難す

る企業もあった。フランスは、いち早く日本にいる自国民に対して国外退去命令を発令、イギリスやオーストラリアもそれに続いた。２０１１年、アクセンチュアは日本で業務を開始して、ちょうど50周年を迎えようとしていた。日本に恩返しをしたいという矢先に震災が起きたのだ。

使命感に突き動かされ、アクセンチュアは２０１１年8月1日に「アクセンチュア福島イノベーションセンター（現アクセンチュア・イノベーションセンター福島）」を開設し、コンサルタント5人が活動を開始した。震災からわずか5カ月足らず。異例のスピードだった。

私たちは、被災者との交流、現状把握にできるだけ多くの時間を割いた。会津若松市・会津大学・アクセンチュアの3者で週に一度、復興計画策定会議を開き、半年にわたって喧々諤々の議論を重ねた。毎回4〜5時間に及ぶ長丁場だった。こうした濃い議論があったからこそ、産官学の連携という今につながる強固な基盤を作れたと思っている。

週1回の復興計画策定会議と現地調査、被災者へのヒアリングから、次第に会津若松市が持つ資産が見えてきた。それは以下の４つだ（**図1-6**）。

資産1：上質な水資源

- 水力発電、工業用水として精密機械工業が発展
- 米や酒、伝統野菜のはぐくみ

資産2：会津藩の歴史遺産

- 歴史・文化・自然という観光資源
- 活火山による温泉、地熱発電

資産3：ICT専門大学

- 日本初の「コンピューター理工学専門学校」としての会津大学の開校

資産4：充実した医療環境

- 会津医療センター
- 会津中央病院
- 竹田総合病院

複数ルートのアクセス環境

- 東北自動車道
- 常磐自動車道
- 関越自動車道
- 磐越自動車道
- 東北新幹線
- 上越新幹線
- 磐越西線
- 福島空港

出所：アクセンチュア

図1-6 棚卸しで見えてきた会津地域の"資産"

資産1：会津地域は、磐梯山・猪苗代湖による豊富かつ上質な水資源が、多くの産業の基礎をなしてきた。エネルギーとしては水力発電に、工業用水としては精密機械工場の誘致に、それぞれ効果を発揮してきた。さらに、その豊かな水資源は米や酒、在来種である会津伝統野菜を育み、盆地特有の寒暖差も手伝って、食を豊かにしている

資産2：肥えた土地を拠点に栄えた会津藩の歴史遺産が、観光資源として産業の中核をなしている。活火山である磐梯山周辺には温泉が点在し、観光地としての魅力を確実にした。地熱を活用する発電所もある

資産3：明治維新後から長らく会津地域の念願だった四年制大学の誘致が、1993年に日本初「コンピューター理工学専門大学」として実現した

資産4：会津地方の中核都市ある会津若松市には、300〜800床程度の大規模総合病院が三つあり、会津若松市人口12万人に加え、会津地方17市町村28万人を支える十分な医療体制を整えている

これらの資産は、それぞれが素晴らしいものだ。水や食が豊かで、観光資源、大学、三つの大病院があり、再生可能エネルギーを有している。しかし、それぞれが独立しており有効に連携していなかった。他の地方都市でも全く同じ状況だろう。

会津大学も、会津地域の念願であった4年生大学の誘致自体が目的だったこともあり、卒業生を地域で活かすための産業政策までは計画がされてこなかった。そのため、80％以上の卒業生は首都圏に行ってしまっていた。地方には工場誘致という政策が長く続き、卒業生が働きたい高付加価値産業はなかった。

それらの資産が、東日本大震災をきっかけに、危機感を抱いた産官学によってコネクテッドされ始めた。これにより、実証実験プロジェクトを展開しやすい連携体制が整ってきたのだ。

『会津復興・創生8策』と「会津若松スマートシティ計画」

私たちは現状を調査・分析し、今後の会津の〝あるべき都市〟の素案を作り上げていった。ここでは既存の要素をマッチング、カスタマイズしたり、あるいは新たに創り上げる要素を盛り込んだりした。そして2011年12月、ついに『会津復興・創生8策（現在の『会津復興・創生8策』）』の第1版が完成したのである（**図1-7**）。

この会津復興8策の実現に向けて策定したのが「会津若松スマートシティ計画」だ。

世界各国で取り組みがはじまっていたスマートシティの基本計画を青写真にしつつ、会津地域の現有資産を棚卸しすることで、その特徴を活かした計画に仕上げることにした。これは、大きく6つの戦略からなっている。

■環境のマイナス面を削減する戦略

①CO2削減の環境政策

②再生可能エネルギー

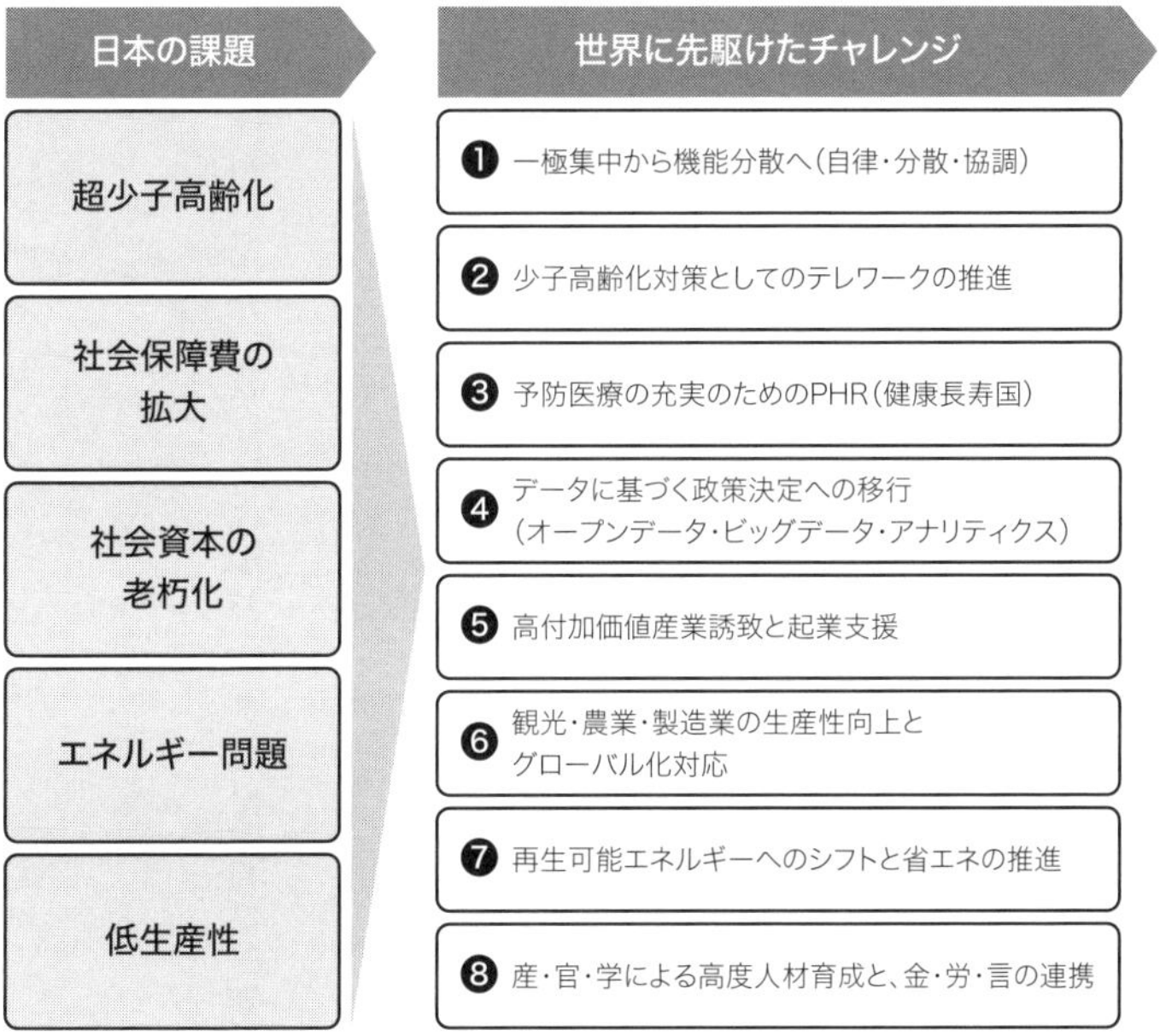
日本の課題
超少子高齢化
社会保障費の拡大
社会資本の老朽化
エネルギー問題
低生産性
世界に先駆けたチャレンジ
❶ 一極集中から機能分散へ(自律・分散・協調)
❷ 少子高齢化対策としてのテレワークの推進
❸ 予防医療の充実のためのPHR(健康長寿国)
❹ データに基づく政策決定への移行(オープンデータ・ビッグデータ・アナリティクス)
❺ 高付加価値産業誘致と起業支援
❻ 観光・農業・製造業の生産性向上とグローバル化対応
❼ 再生可能エネルギーへのシフトと省エネの推進
❽ 産・官・学による高度人材育成と、金・労・言の連携

出所:アクセンチュア

図1-7 震災復興から地方創生を目指す『会津復興・創生8策』

へのシフトと省エネルギーの促進プロジェクト

■地域のプラス面を引き出す戦略

③市民の生活環境としての医療体制の充実、教育レベルの向上、居住環境整備などの視点を実現する政策

④企業立地条件を充実させるための政策

⑤公的資金や民間資金の投資先としての魅力を向上させる政策

⑥観光客からの視点を配慮した政策

実は、会津若松市、会津大学、アクセンチュアの3者は協議を重ねるなかで、ある時点から共通の認識を持つようになっていた。会議では会津若松市の復興計画策定について話し合われていたが、そこで指摘され整理された課題のほとんどが、多くの地方都市が抱えている共通課題であり、ひいては「日本という国が抱える課題ではないか」ということだ。

その結果、会津若松スマートシティ計画の骨子は日本が抱える課題をデジタルでどこまで解決できるかに挑戦する内容になっている。

産学官連携で地方創生の実証モデルを目指す

日本政府はデジタル化を推進するにあたり、デジタル先進国であるエストニアを参照している。エストニアは旧ソビエトから独立したバルト三国の最北端に位置する小国で、九州ほどの面積に約131万人が住んでいる。電子政府を構築し、スマートフォンなどを使ったインターネット選挙投票や国民IDカードを使った電子署名など先進的なシステムを提供し、国民のデジタル参加率は優に90%を超えている。

インターネット選挙投票は2005年から実施しており、今では全投票者の3割程度が利用しているという。利用者の世代差もほとんど見られないそうだ。

エストニアがインターネット選挙投票を導入するきっかけになったのは、高齢者と地方在住者対策である。エストニアでは立国当初から多くの事柄を国民投票によって決めてきたという歴史的背景もあり、すべての国民に投票の機会を平等に与えることを最重要視した。だからこそ、身体が不自由になった高齢者や、近くに投票所がない地方在住者が投票しにくいという課題をインターネットで解決したのだ。

日本ではデジタルは若者のもの、都会のものというイメージが強い。しかし、本来デジタルが必要なのは、遠いところへ足を運ぶことが難しい高齢者や、住宅地が点在している地方都市である。選挙にしろ、医療にしろ、モビリティにしろ、地方のほうがデジタルでつながらないとサービスレベルを維持できない。

そこで私たちは、会津若松市のスマートシティ基本計画を単なる一都市の復興計画で終わらせるのではなく、地方創生の先駆けとして国からの投資を引き出し、デジタルによる先端実証事業を誘致する方針を固めた。日本の全人口の1000分の1を有する会津若松市を、国内問題を解決するための実証フィールドにするという位置付けだ。こうして会津若松市は、デジタルシフトを受け入れる決断をした。

『会津復興・創生8策』の中核は、データによる科学的根拠に基づいた政策策定にある。データは、ヒト・モノ・カネに続く〝第4の経営資源〟ともいわれる。そのデータを戦略の中心に位置づけたのが最大の特徴だ。会津若松市を実証フィールドにするため市も動いた。

まず、大きな推進力となる「会津若松（現・会津地域）スマートシティ推進協議会」を2012年5月に発足。これを機にデジタル化へと大きく舵を切った。協議会の実態は、会津若松市、会津大学、地元企業、地元に拠点を持つ大企業による産官学連携の団体である。

アクセンチュアも、立ち上げ以来PMO（プロジェクト・マネジメント・オフィス）として全体を取りまとめ、多様なプロジェクトを推進してきた。2011年8月に会津若松市内に開所したイノベーションセンター福島は、2019年中に200人超のプロジェクト推進体制を整備すべく、拡充を図っている。

プロジェクトは現在進行形で動いている

イノベーションセンター福島は当初、復興支援からスタートした。それが今では、全国の会津地域の先端デジタル技術やサービス実証フィールドとしての特性を活かし、全国のモデルとなる地方創生の仕組みを作ろうと、30以上のプロジェクトを実施。高付加価値な業務、競争力の高いサービスを会津から全国に向けて展開している（**図1-8〜10**）。

1. 会津若松復興支援計画策定
2. 会津若松市アドバイザー
3. スマートグリッド事業
4. スマートフォンテスト事業
5. オープンデータプラットフォーム整備事業
6. 会津大学復興支援センター事業計画
7. 会津大学クラウド環境構築事業
8. アナリティクス人材育成事業
9. スマートカード決済導入促進事業
10. 大規模HEMS事業
11. ふるさとテレワーク事業
12. 地産地消エネルギーマネジメントFS事業
13. 先端ICT企業誘致計画策定
14. 地域市民ポータル導入事業
15. デジタルDMO事業
16. IoTヘルスケア事業
17. データ活用型スマートシティ基盤構築
18. ICT企業機能移転誘致事業

1. 広域7市町村デジタルDMO事業
2. Bridge for Fukushimaとの
   農業高校経営・マーケティング講座
   会津農林高校

出所:アクセンチュア

図1-8 アクセンチュアが2011年から支援してきたプロジェクトの会津地区での実績

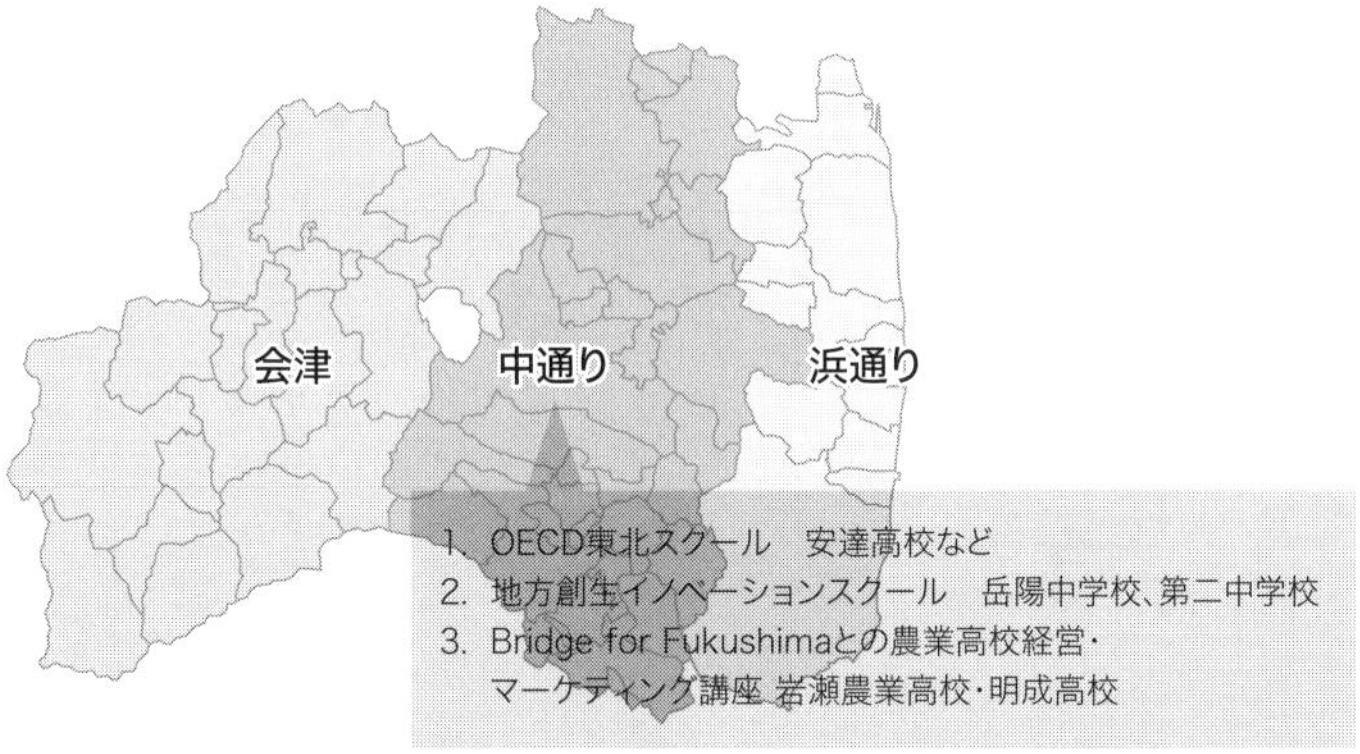

出所:アクセンチュア

図1-9 アクセンチュアが2011年から支援してきたプロジェクトの中通り地区での実績

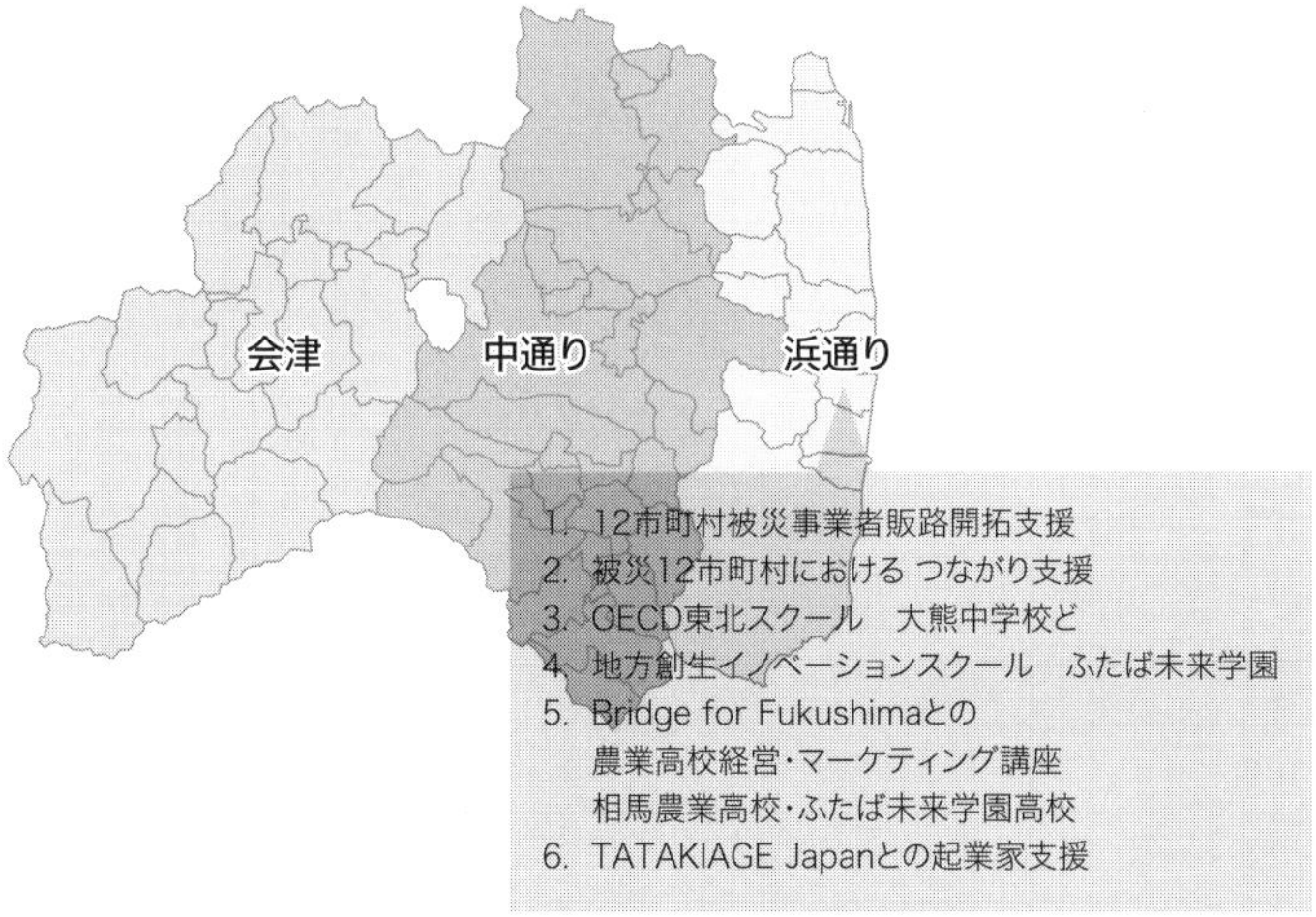

出所:アクセンチュア

図1-10 アクセンチュアが2011年から支援してきたプロジェクトの浜通り地区での実績

2015年7月には、会津若松市が「会津若松市まち・ひと・しごと創生包括連携協議会」を発足。産官学金労言地域の分野から43団体（2018年7月24日時点）がデジタル技術を活用した産業振興・地方創生に取り組んでいる。アクセンチュア以外にも国内外企業を呼び込んでおり、国内大手SIベンダー数社やセキュリティ関連企業、フィンテック関連企業などもメンバーだ。

2019年4月には、それら企業や地元ベンチャーなどの受け皿として、会津若松市内にICT関連企業の集積地となる「スマートシティAiCT（アイクト）」も完成した。スマートシティAiCTは、首都圏からの新たな人の流れと雇用の場を創出し、会津大学卒業生などの地元定着を図ることで、東京一極集中の緩和と地域の維持発展を目指す拠点となる。

現在、スマートシティプロジェクトに参加するために、首都圏から会津若松市への交流人口は増加しており、市内のビジネスホテルの稼働率は満室に近い状況が続いている。都心からの移動時間が片道約3時間という、ビジネス上では決して便利とは言えない場所にもかかわらずだ。

こうした会津若松市における取り組みは、地方創生の実証モデルとして、政府からも注目されている。2015年1月には改正地域再生法に基づく地域再生計画の第1

号として、会津若松市の「アナリティクス産業の集積による地域活力再生計画」が内閣府から認定された。経済産業省における「地域未来投資推進法」に関する説明資料においても、地域経済をけん引するモデル事業として、会津若松市がＩＣＴ産業を集積し、かつＩＣＴを活用した実証実験フィールドになっていると紹介されている（関連資料『地域未来投資推進法について』、経済産業省）。

２０１６年7月には、経産省の「地方版ＩoＴ推進ラボ」において第1弾選定地域として採択された。総務省の「地域ＩoＴ実装推進タスクフォース」をきっかけに立ち上がった「地域ＩoＴ官民ネット」の発起人の一人には、会津若松市の室井 照平市長が名を連ねている。地域ＩoＴ官民ネットは、ＩoＴ推進に意欲的な自治体（１００団体程度）とＩoＴビジネスの地方展開に熱心な民間企業などが参加するネットワークである。

会津若松市がデジタル化に舵を切って以来、市民生活や地域産業の多岐にわたってＩＣＴが活用されており、今も複数のプロジェクトが日々動いている。私たちは、今後もスマートシティ計画を支援していく予定だ。最終的には、デジタルトランスフォーメーションのモデルケースとして完成させたいと考えている。

アクセンチュアは日本でビジネスを開始して55年。日本が直面する少子高齢化や社会保障費の拡大、東京一極集中といった重要課題をデジタルテクノロジーの力で解決し、日本の未来のために貢献したいという思いで、これまでやってきた。会津若松市での取り組みは、地方創生のモデルケースとして日本各地のスマート化に寄与できるものと考える。

CHAPTER 2

SmartCity AIZUの実像

2-1

会津若松スマートシティ計画の構造

オープンイノベーションで市民が主導するスマートシティ

「会津若松スマートシティ計画」は、「デジタル・コミュニケーション・プラットフォーム（DCP）」と「データプラットフォーム」の2層で構成されている（図2-1）。

上位レイヤーのDCPは、市民や観光客、事業者向けの情報提供ポータルである。会津若松市においては「会津若松＋（プラス）」という名称で各種サービスを提供している。これについては、2-2節で詳しく説明する。

下位レイヤーのデータプラットフォームは、データを収集・蓄積し、そのデータを活用してイノベーションを生み出すレイヤーである。そのAPI（アプリケーション・プログラミング・インタフェース）は公開されており、蓄積されたデータは目的

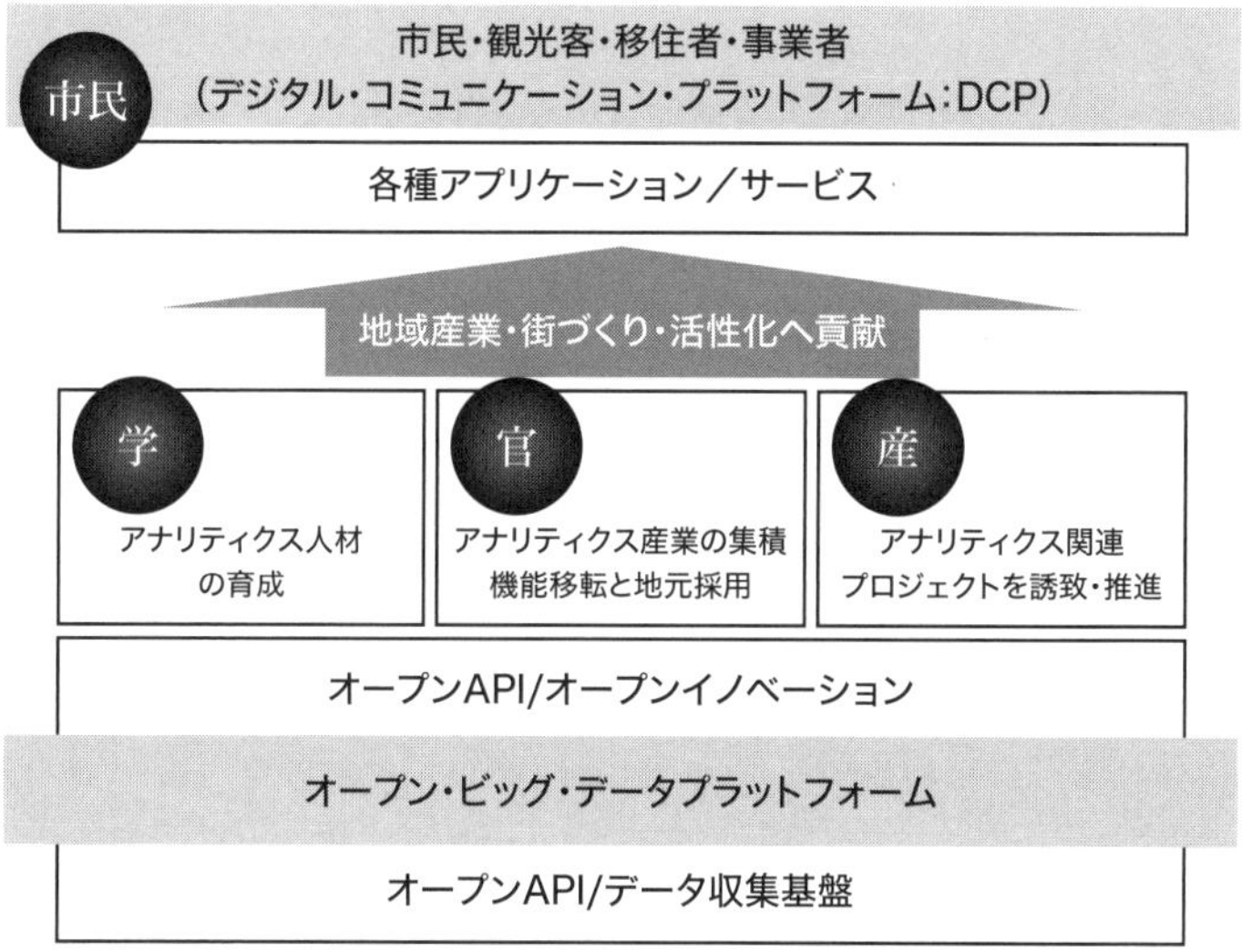

出所:アクセンチュア

図2-1 会津若松市スマートティ計画は、「デジタル・コミュニケーション・プラットフォーム（DCP）」と「データプラットフォーム」の2層からなる

を申請し承認されれば誰でも自由に使える。デジタルＤＭＯ（２-３節参照）や「ＩｏＴヘルスケアプロジェクト」（２-４節参照）、「エネルギー見える化プロジェクト」（３-１節参照）をはじめ、約7年間で50ほどのアプリケーションが誕生した。これを私たちは「オープンイノベーション」と呼んでいる。

このオープンイノベーション上に産官学の3領域がある。「産」は、デジタル実証フィールドやアナリティクス分析の拠点などデジタル産業を集積・創出する領域だ。「官」は、デジタルガバメントの推進・展開と、都市のためのスマートシティプラットフォーム（都市ＯＳアーキテクチャー）を構築・整備し提供する。これらについては、3章で詳しく紹介する。

「学」は、会津大学を中心に研究開発と人材育成を担う。２０１２年から、アクセンチュアの寄附講座としてアナリティクス人材育成の取り組みがはじまり、２０１５年からは地方創生総合計画として拡大させ、毎年２００人以上の学生がデータサイエンス全般を学び、専門家を育てるゼミでは10人程度が授業を受けている。

2-2

情報提供ポータル「会津若松＋（プラス）」

紙媒体やタウンミーティングによるコミュニケーションの限界

〝街づくり〟における主役は市民である。それだけに行政と市民のコミュニケーションのあり方は、全国の多くの自治体が抱える課題であるといえよう。

特に、市民参加型のスマートシティや地方創生プロジェクトの実現を目指す首長や自治体にとって、市民との密なコミュニケーションをどう実現していくかは切実で大きな課題である。なぜなら、政策を実現するためには、首長や自治体の政策を市民一人ひとりに確実に届け、政策に対する理解を深めてもらい、市民からも意見が集まるインタラクティブな関係を構築していくことが重要だからだ。

会津若松市もまた、同じ課題を抱えていた。これまでも行政の公式ホームページや市政だより、ポスターなどの紙媒体、市民と直接対話するタウンミーティング、地元紙など、さまざまな媒体で情報を発信し、市民に行政情報を届ける努力を続けてきた。しかし、市民全体に向けたマス情報はどうしても静的な情報の提供にとどまってしまうため、市民の関心は高まりにくかった。

たとえば、会津若松市が2016年11月25日に公開した資料『会津若松市のデータを活用した取組について』によると、公式ホームページへの市民の月間平均アクセス数は1人当たり0・9回。タウンミーティングの参加者数は全市民の1%にも満たなかった。この結果から、行政側は各種メディアを駆使して情報発信に取り組んでいるつもりでも、市民側は「聞いていない」「伝え方が不十分だ」と感じていることがわかる。このように、両者の間には埋められない溝があった。

パーソナライズされた地域ポータル「会津若松+」を開始

この課題を解決するため、会津若松市は2015年12月に地域ポータルサービス「会津若松+（プラス）」の提供を開始した（**図2-2**）。市民とのインタラクティブな情報共有を目指して、市民一人ひとりの属性情報に沿ってパーソナライズされた市民サービスの〝デジタル窓口〟である。

従来のコミュニケーションは、前述の通り、全市民に一律的なマス情報を提供するものだった。この手法は大勢の人に同時に同じ情報を届けるのには適しているが、本当に必要な情報が埋もれてしまい、見つけづらい。あるいは、必要ではない情報も多いため、探すのが面倒になって見ること自体をやめてしまう市民も多い。

そこで会津若松＋が目指したのは、必要な情報を必要な人に

図2-2 「会津若松＋（プラス）」の画面例

届けるという極めてシンプルなものだ。キャッチフレーズは、「各市民の生活に合わせた〝10分圏内〟の情報が手に入るサービス」である。

そのためには、個人の趣味嗜好や属性に応じた情報を提供する必要がある。たとえば、小さな子供を持つ親であれば、予防接種スケジュールや育児イベント、幼稚園や保育園への申し込みなどの情報が必要だろう。高齢者であれば、病院を予約したり、受診日を確認したり、移動手段となるバスの運行表などの情報がほしいだろう。会津若松市の冬は厳しい寒さとなることから、家計を預かる者ならば冬場の電気代が気になるかもしれない。このように、必要な情報は、性別によっても、世代によっても、世帯構成によっても全く違う。

会津若松＋では利用者に詳細情報を登録してもらうことで、パーソナライズされた行政情報や地域情報だけを提供できるようにしている。コンテンツ配信やアップデートも、登録情報や行動履歴に応じて最適化。さらに、都市機能を「エネルギー」「観光」「健康医療」「教育」「農業」「ものづくり」「金融」「移動手段」の8領域に分類し、市民、観光客、移住者、事業者のすべてが何らかのサービスを利用できるようにした（**図2-3**）。

このパーソナライズサービスを実現するのがDCPである（**図2-4**）。会津若松＋は、DCP上に構築・運用されている。同サービスを利用する個人の「パーソナルファイル（サービスID登録時に入力された個人の属性情報）」と、過去のアクセスログがDCP上に蓄積され、それを基に利用者属性に合った情報を優先的に表示するという仕組みだ。

会津若松＋があれば、必要な情報を探すための検索キーワードを考えたり、大量の類似情報から必要な情報を特定したりしなくても、自分が必要とする地域情報を取得できる。しかも、デジタルに対して苦手意識を持つ市民や高齢者層に配慮したサービスにもなっており、高齢者層に対しては、より最適なレイアウトが設定で

図2-3 すべての市民が関心をもてるよう都市機能を「エネルギー」「観光」「健康医療」「教育」「農業」「ものづくり」「金融」「移動手段」の8領域に分類

きるなど、高いユーザーアクセシビリティを用意している。

マジョリティまで届けるため、市民参加率30%を目標に

会津若松モデルで私たちが最も重視しているのは、市民の参加率（コミュニケーション率）だ。それは、第1章で説明したように、スマートシティの成功のカギは市民参加にあるからである。そこで、会津若松＋の導入にあたって、私たちはKPI（重要業績評価指標）を「市民とのコミュニケーション率を30％まで向上させること」と設定した（**図2-5**）。コミュニケーション率とは、人口に対して

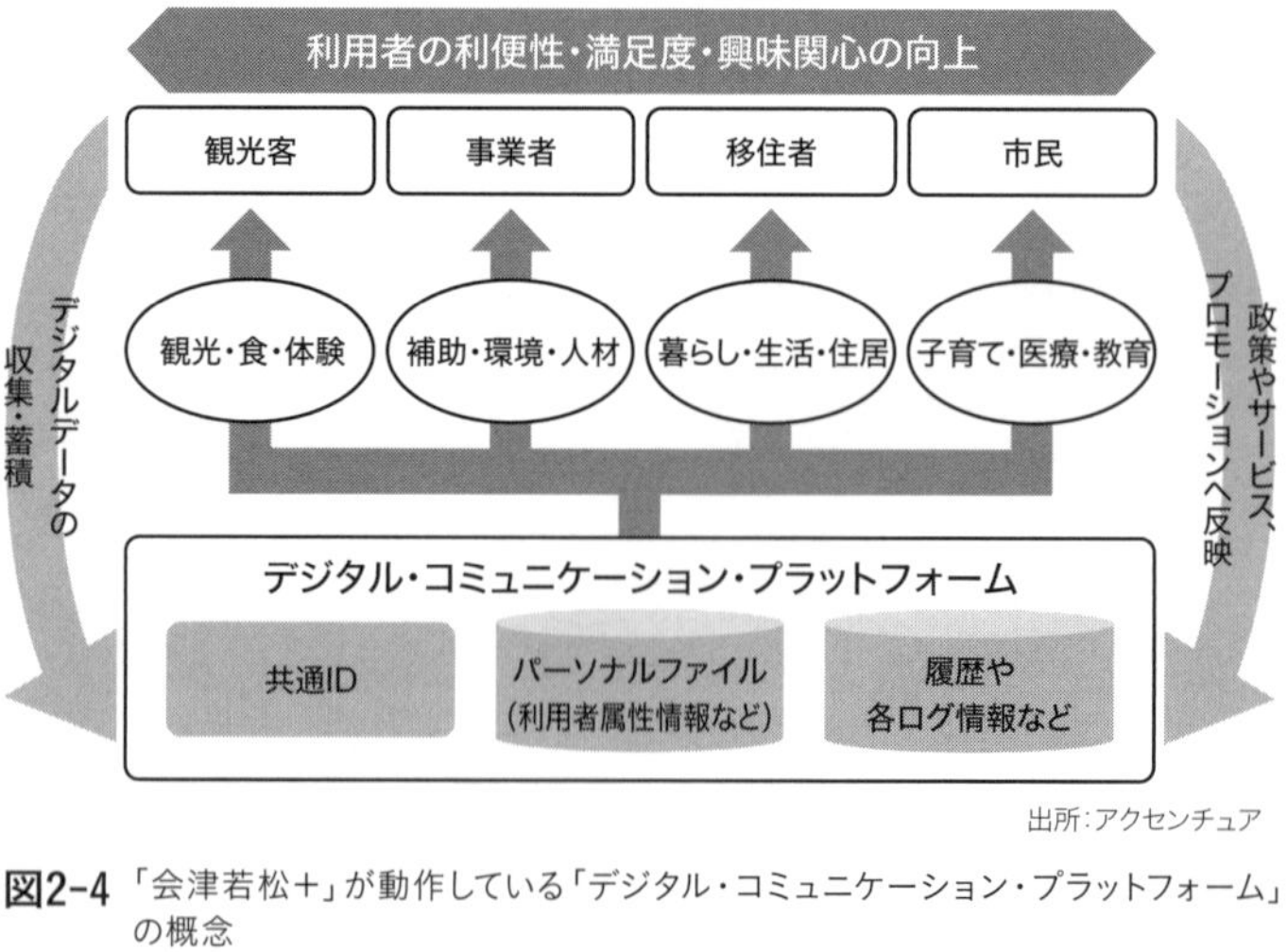

出所：アクセンチュア

図2-4 「会津若松＋」が動作している「デジタル・コミュニケーション・プラットフォーム」の概念

ＩＤ発行数と定期利用者の合計を指す。デジタルシフトを目指す日本にとって、これは重要な指標となる。

　ちなみに、日本はマイナンバーカードの普及が進まず先進国の中では最も低い。他国では、ドイツ30％、イギリス40％、フランス50％、オランダ60％、デンマーク80％、エストニアに至っては90％を超えている。デジタ

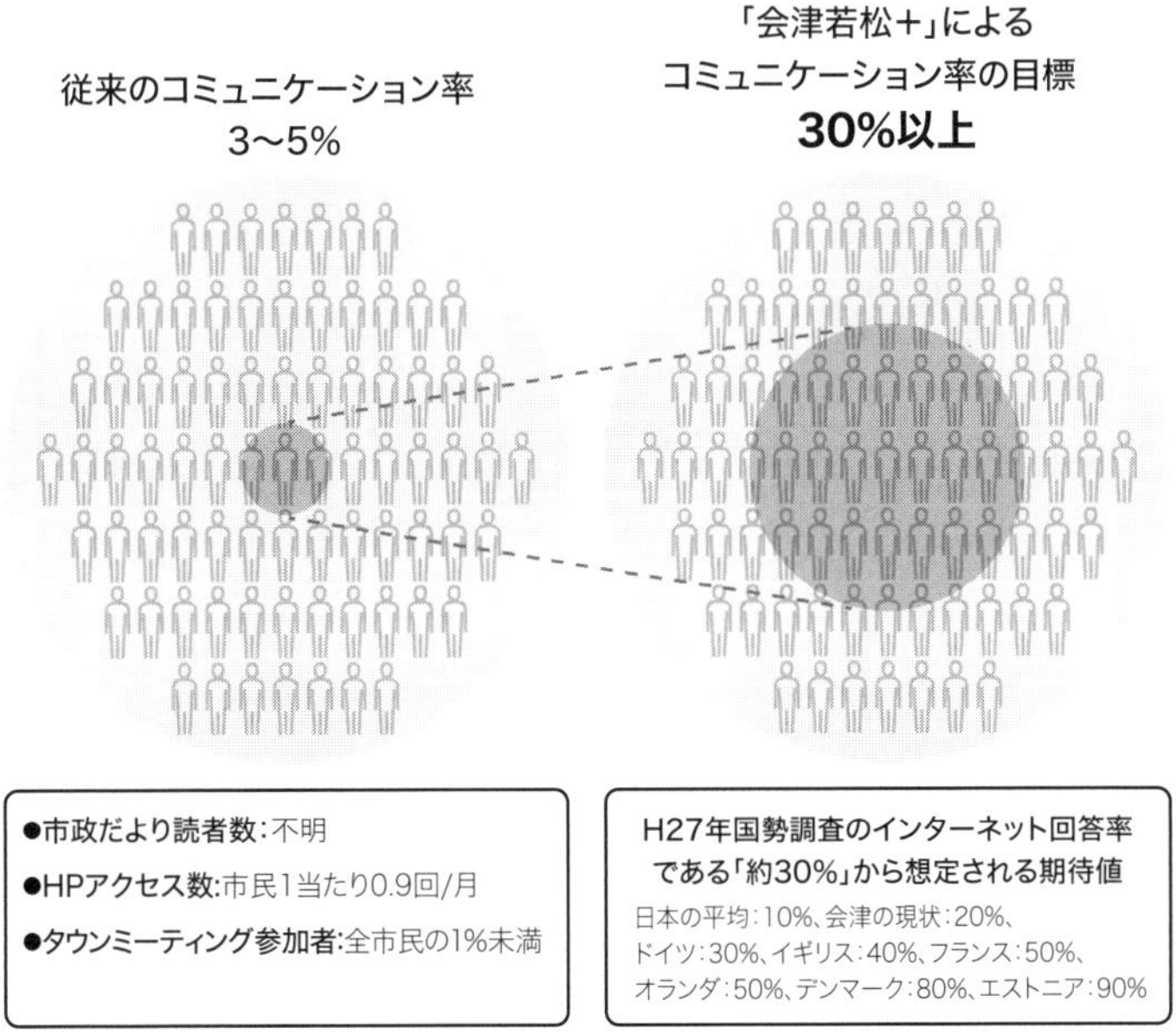
従来のコミュニケーション率
3～5％
「会津若松＋」による
コミュニケーション率の目標
30%以上
●市政だより読者数：不明
●HPアクセス数：市民1当たり0.9回/月
●タウンミーティング参加者：全市民の1%未満
H27年国勢調査のインターネット回答率
である「約30%」から想定される期待値
日本の平均：10%、会津の現状：20%、
ドイツ：30%、イギリス：40%、フランス：50%、
オランダ：50%、デンマーク：80%、エストニア：90%

出所：アクセンチュア

図2-5 「会津若松＋」では「市民とのコミュニケーション率を30%まで向上させる」ことをKPI（重要業績評価指標）にした

ル立国を目指すならば、コミュニケーション率の改善は解決すべき課題といえよう。

ところで、私たちが目標数値を「30％」にした理由は大きく二つある。一つは、総務省統計局が実施した『平成27年国勢調査』の「市町村別インターネット回答世帯数及び回答率」において、会津若松市のインターネット回答率が30・8％だったことだ。この結果を見て、「30％」の数値目標は十分に達成可能だと考えた。

もう一つの理由は、市民の30％と密なコミュニケーションを確立できれば、イノベーター層やアーリーアダプター層を超えて、マジョリティ層にも手が届く比率になるからだ。しかも「30％」という数値は、従来のマスメディアでいうところの高視聴率コンテンツにあたる。

会津若松市の場合、20％を超えたところでコミュニケーション率が自然に増え出した。一般的に15～20％になると、利用者の口コミによる情報拡散効果が表れ、コミュニケーション率が高まる。そうなれば、リアルなコミュニティもでき始めて行動変容が起きやすくなる。これは、参考にしたオランダのスマートシティでも見られる現象だ。

会津若松市では、3カ月に1回、スマートシティを考えるコミュニティを開催している。現在では、これに約500から1000人の市民が参加する。これほど多くの市民がスマートシティに関心を持っているということは、市民が変わり出していることの証といえるだろう。

会津若松＋の導入効果は、コミュニケーション率だけではない。デジタル化によって、コミュニケーションコストを削減することも視野に入れている。会津若松市では、各家庭に毎月配布している『市政だより』をデジタル郵便（MyPost）で配信し、デジタル化の準備を始めた。他の紙媒体による情報提供やホームページも含め、これらをすべて会津若松＋に統合することで、30〜40％のコミュニケーションコスト削減を見込んでいる（**図2-6**）。

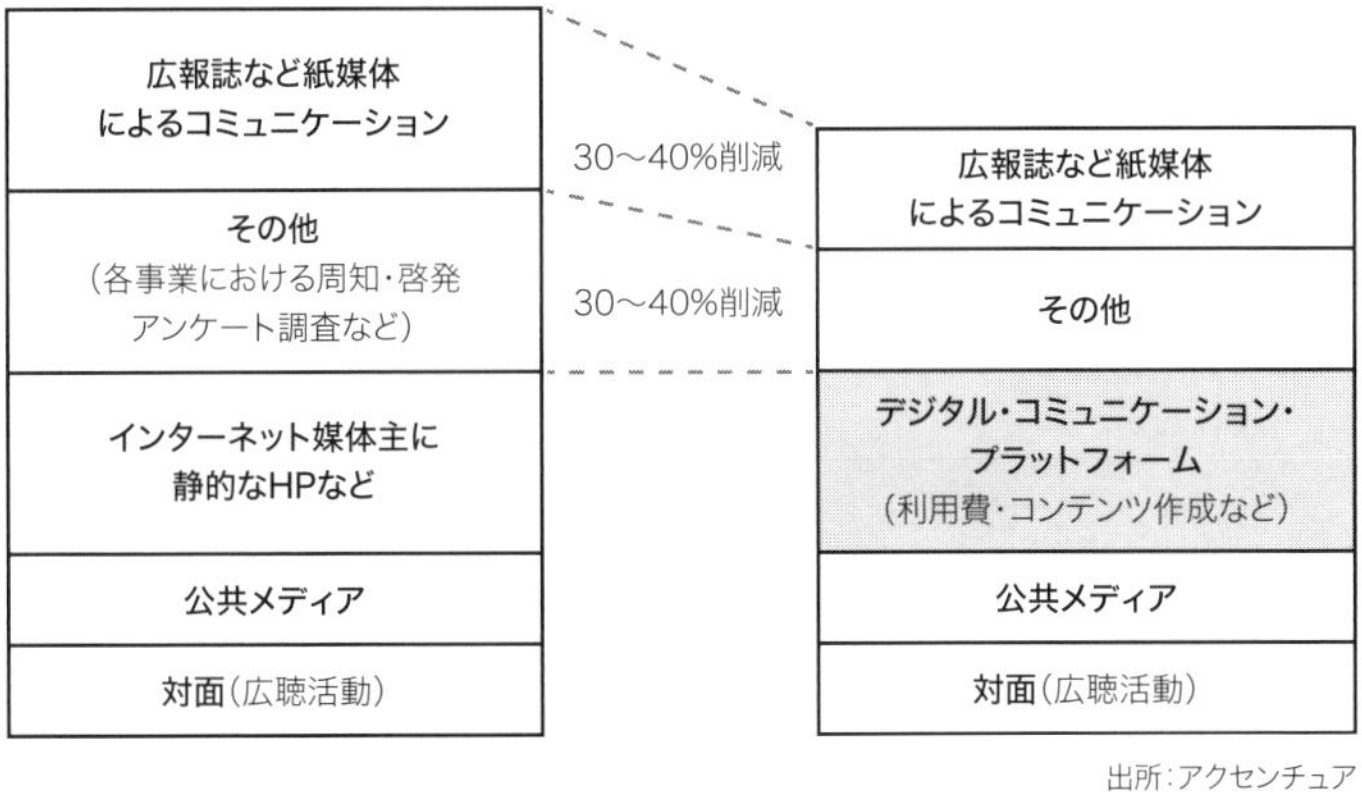

出所：アクセンチュア

図2-6 「会津若松＋」により市民とのコミュニケーションコストも30〜40％削減する

四半期に1度のペースでサービスを追加・改善

会津若松＋のサービス開始から2019年4月で約3年になる。会津若松市の人口約12万人に対し、これまで8万7000人を超えるユニークユーザーが利用してきた。サイト利用率も20％と、着実に増えている。

その間、四半期に1回程度の頻度で新機能や新サービスを追加し、サイトを改善してきた。会津若松市のオープンデータ基盤である「Data for Citizen」や、外部サービスとのデータ連携、ユーザーである市民からの意見を反映したサービス提供などである（**図2-7**）。

具体的なサービスをいくつか紹介しよう。

（1）各種行政／地域情報提供サービス

利用者のSNS（ソーシャルメディア）と連携し、ログインすると利用者の属性に合わせてパーソナライズされた行政および地域情報を受け取れる。スマートシティ

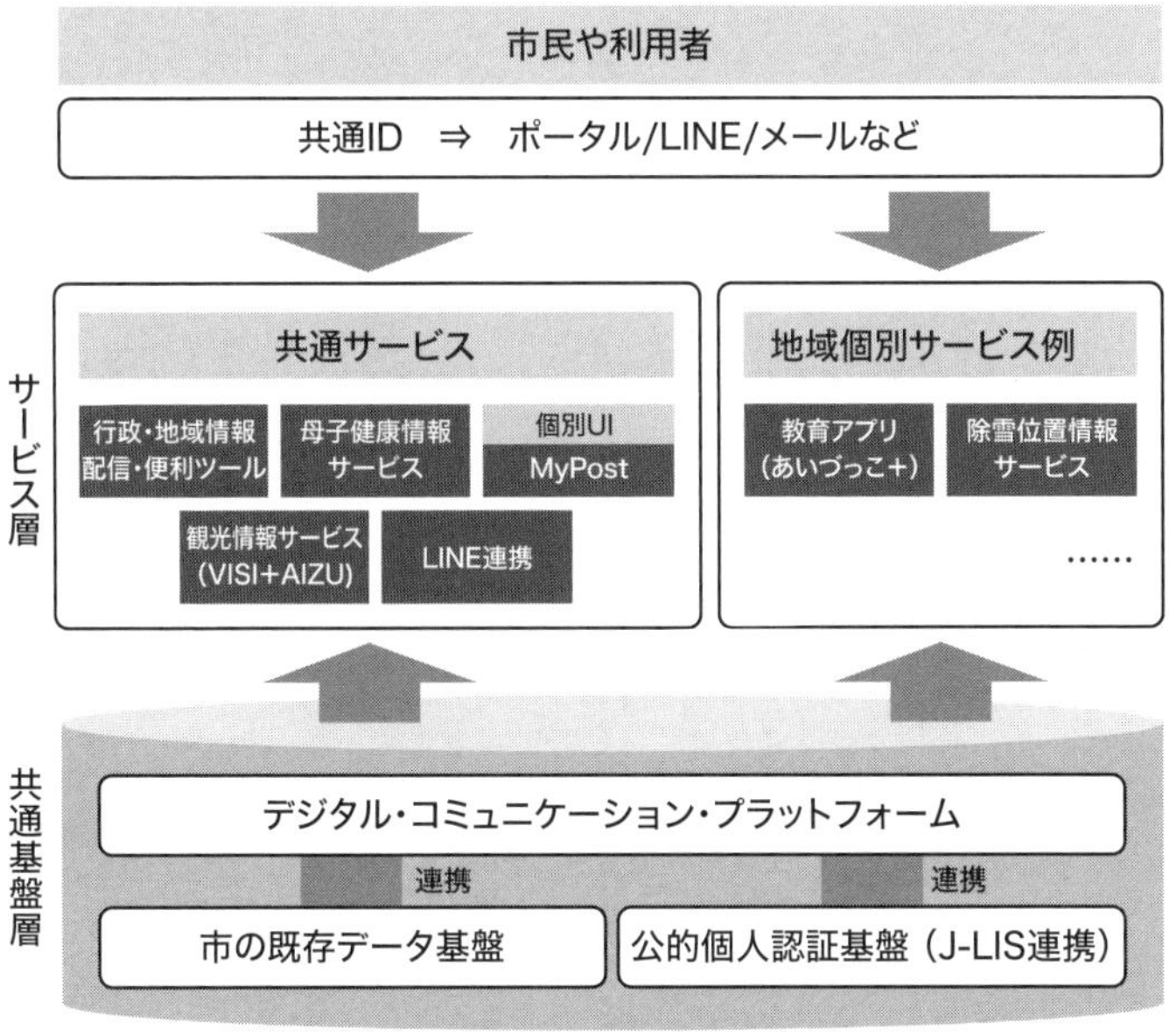

出所:アクセンチュア

図2-7 2018年3月時点の「会津若松+」のサービス概要

サービスとして提供されている「電力見える化サービス」や「ヘルスケアサービス」などを利用すれば、サービスログイン後のホーム画面上にウィジェットが現れ、各サービスの詳細情報に簡単にアクセスできる。ゆくゆくは現在の行政ホームページを廃止し、会津若松＋に一本化する予定でいる。

今後の計画だが、選挙の投票システムや住民アンケートも組み込む予定だ。日本政府がデジタル投票をいつから始めるかによるが、もしそうなれば、エストニアのように足が悪い高齢者の方なども自宅から投票できるようになる。

（2）LINEのAIチャットボットによる簡易問い合わせサービス「LINE deちゃチャット問い合わせサービス」

休日の診療情報（担当医や担当日等）や各種証明書の取得方法、除雪車のリアルタイム位置情報サービス、ごみの集配情報（種類・曜日等）など、日々の暮らしに必要で簡易な問い合わせに365日24時間、LINEのUX（ユーザーエクスペリエンス：操作性）で、グーグルのAI（人工知能）を使ったチャットボット「マッシュくん（LINE@IDは@mushkunchat）」が答えてくれる（**図2-8**）。

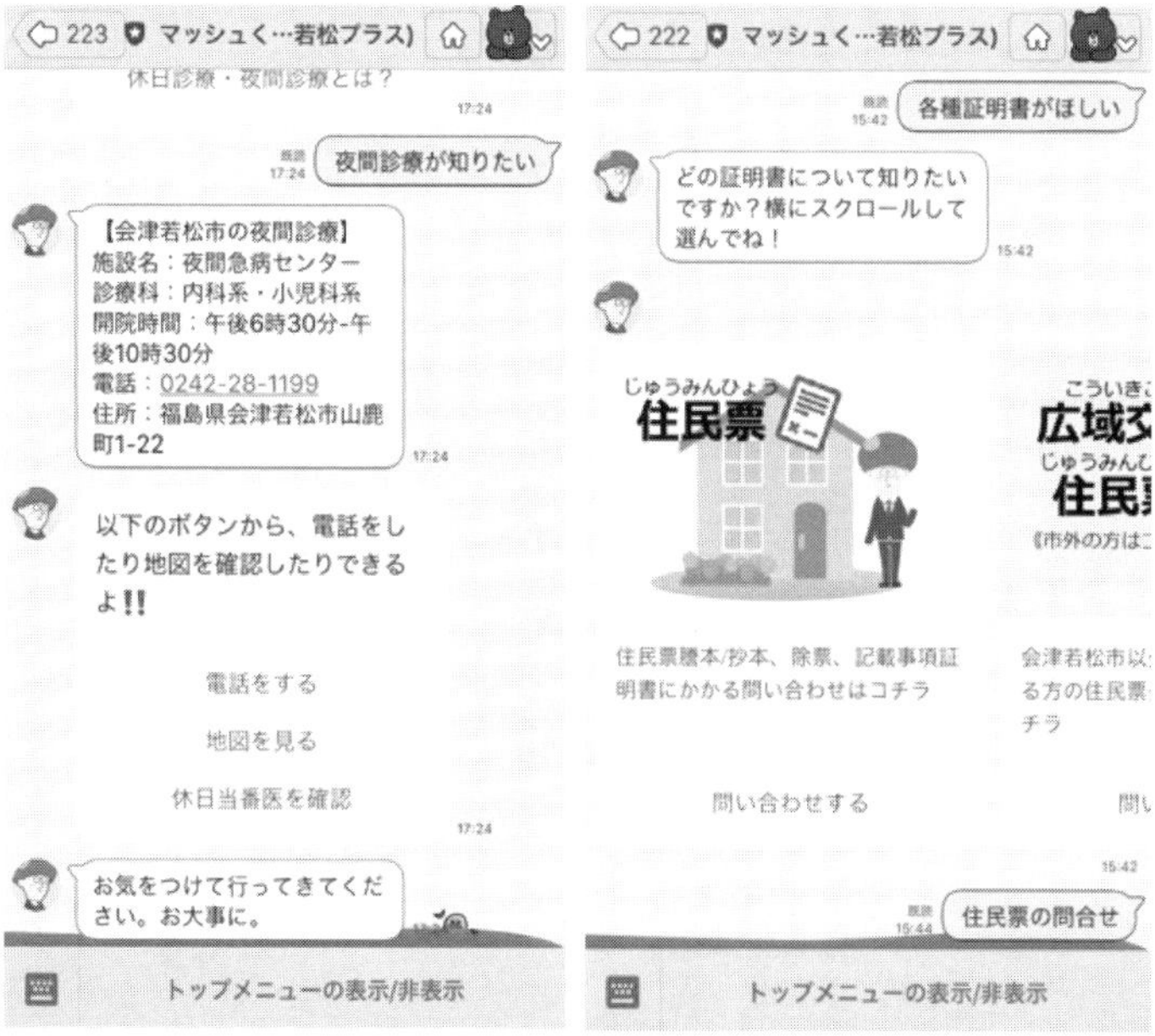

図2-8 チャットボット「マッシュくん」の利用画面例

行政にとって、これらの問い合わせは煩雑で手間がかかる。簡易な問い合わせだけでも自動化することで、職員の負担は軽減される。住民にすれば、24時間365日問い合わせが可能となり、市役所へ電話しにくかった市民も気兼ねなく問い合わせができるようになった。

本格的に運用を開始してから約1年経つが、本人確認が必要な各種サービスも、マイポータルとの連携で提供する予定でいる。

(3) 母子健康情報サービス「母子健康手帳電子化サービス」

母子健康手帳のデジタル版。マイナンバーカードを使って本人認証することで、自治体からの検診サービスや健康管理などが、プッシュ型で情報提供される。たとえば、予防接種を受けるスケジュールを確認する、乳幼児健診の結果を閲覧する、育児日記を記録する、ママ友と情報交換する、育児イベント情報を受け取るなど、子育てを支援する情報を入手できる。これらの情報は、家族とも共有できる。

(4) 日本郵便のデジタル郵便「MyPost(マイポスト)」サービス

政府が電子私書箱と呼ぶサービス。私書箱は、郵便局が郵便物を保管してくれるサービスであり、MyPostは、そのデジタル版である。本人確認が必要な公的文書や企業からの重要な文書などを電子メールで受け取れる。将来的に想定される全文書デジタル化を見据え、日本郵便のMyPostサービスと連携した。会津若松市では、本サービスを利用して、市役所の職員の給与明細やデジタル版市政だよりを送付している。

（5）教育情報連携サービス「あいづっこ＋（プラス）」

会津若松市教育ポータルサイト「あいづっこWeb」をスマートフォン向けに開発したアプリケーション。市内の小学校、中学校と家庭をデジタルでつなぎ、学校から家庭へのお知らせや学校での日々の出来事などを直接受け取れる。目的は、情報の伝え漏れや問題の発生を未然に防ぎ、学校と家庭のつながりを密にすることで地域の教育環境の向上を図ることだ。

（6）「除雪車ナビ」サービス

除雪車が現在どこを除雪中で、自分の地域にはいつ頃来るのかという情報をGoogle MAP上でリアルタイムに確認できる。除雪車に搭載したGPS（全地球測位システム）から現在地情報を把握し、ウィジェットにリアルタイム配信することで実現。これにより、待ち時間による市民のストレスを緩和できる。

積雪量の多い会津若松市では、除雪情報は生活に直結した重要情報だ。市役所への問い合わせ件数も多く、市側の業務負担も大きい。本サービスで収集・蓄積された情報は、除雪車の配備計画などにも活用している。

今後の計画だが、防災のための「マイハザード機能」サービスを提供する予定でいる。位置情報を活用して、現在位置の近隣のハザード情報を表示できるというサービスで、紙のハザードマップの弱点を補完する。これにより、移動中や移動先で災害にあったとしても、どの方向に避難すればより安全かがすぐにわかり、素早い避難行動をうながせる。つまり、会津若松＋を利用することが防災につながるということだ。

（7）訪日外国人向け観光情報提供サービス「Visi+Aizu（ビジットアイズ）」

訪日外国人を対象にした、会津若松市を中心とした周辺広域7市町村の観光コンテンツ。外国人と一口にいっても、国や文化によって食やアクティビティなどの趣味嗜好の傾向は大きく違う。そこで、本サービスでは国別の嗜好性でパーソナライズされたレコメンデーションコンテンツを提供する。

たとえば、ロサンゼルスから今年の8月に会津に訪れると選択すると、アメリカ人の嗜好性にあった訪問先やアクティビティ、宿泊先、滞在日ごとの行動スケジュールまでレコメンデーションされる。多くの観光サイトは外国語対応されているが、単に翻訳しただけというものが多い。重要なのは嗜好性に沿ったコンテンツの提供である。また、訪日外国人が困ることの多い二次交通の情報や、実際に会津若松を訪れた外国人の動画なども紹介している。詳細については、2-3節で詳しく紹介する。

ヒューマンセントリックな使い勝手のよいデジタルの市民窓口を目指して

このように会津若松+は、デジタルガバメントの実現に最も重要な市民窓口をデジタル化したサービスだ。デジタルガバメントの推進は、行政の効率化のためだけにあるのではない。市民と行政のつながりを強化した市民参加型のスマートシティの実現には必要不可欠である。私たちが提供するDCPは、市民と行政が必要とする情報をオープンにし、両者がフラットな関係性の中で成果をシェアするモデルを実現に導くものだ。

現在、国の政策としても、マイナンバーカード認証により行政手続きのワンストップサービスを実現する「マイポータル」の導入が推進されている。地域情報ポータルが日々の生活に不可欠な市民の窓口であるとすれば、会津若松＋は、必要に応じて行政手続きポータルとシームレスに連携できることが望ましい。そのため、国と会津若松市の両サービスの連携機能の導入を計画している。

市民がマイポータルのサービスを利用しやすくするためには、普段利用しているサイトからの連携が望ましい。引っ越し時のすべての手続きのワンストップサービスは大変便利でも、多くの市民は頻繁に使うサービスではない。だからこそ、普段使いの会津若松＋のメニューとして用意することが利用促進につながるだろう。

国全体が行政サービスのデジタル改革を推し進め、「原則デジタル」で行政サービスを提供するための基盤整備／法整備を図っている。そのなかで会津若松市の取り組みや会津若松＋が1つのモデルになると考える。

2-3 インバウンド戦略術としての「デジタルDMO（Destination Management Organization）：DDMO」

観光情報や地域の魅力を世界に発信するDDMO「Visit Aizu」

日本政府観光局によると、訪日観光客数は、2013年に初の1000万人を超え、2017年には2869万人にまで増えている。2020年の東京オリンピックを控え、訪日観光客はさらに増加すると予想されている。こうした情勢を受けて、観光地を持つ地域の多くが「DMO」をインバウンド戦略の核にして、訪日観光客向けプロモーションを展開している。

DMOとは、地域の観光事業を活性化させるため、ステークホルダーを巻き込みながら戦略を確実に実施する法人のことである。観光庁による定義は、以下の通りだ。

「地域の〝稼ぐ力〟を引き出すとともに地域への誇りと愛着を醸成する『観光地経営』の視点に立った観光地域づくりのかじ取り役として、多様な関係者と共同しながら、明確なコンセプトに基づいた観光地域づくりを実現するための戦略を策定するとともに、戦略を着実に実施するための調整機能を備えた法人のこと」

会津若松市もまた、観光客、特に訪日外国人を増やそうとインバウンド戦略に熱心に取り組んでいた。外国人向けに英語や中国語のＷｅｂページを作成し、温泉や伝統工芸、白虎隊や野口英世などの歴史資源を紹介していた。

もともと東北の代表的な観光地である会津地域は、豊かな自然と温泉、郷土料理が楽しめるとして多くの国内観光客が訪れており、修学旅行のメッカでもあった。観光客は、多いときには年間約４００万人にもなったという。それを一変させたのが２０１１年３月の東日本大震災だった。震災以降、放射能汚染などの風評被害により、観光客が激減したのである。福島空港では、いまだに海外との定期便は復旧しておらず、チャーター便が時々、利用する程度だ。

この危機を打開するため、会津若松市ではデジタル技術を用いて会津地域の正しい情報と観光地としての魅力を世界に発信していこうと考えた。それが、２０１６年２

月にスタートしたデジタルDMO（DDMO）の「Visi+Aizu」である（図2-9）。

図2-9　デジタルDMO（DDMO）の「Visi+Aizu（ビジットアイヅ）」の画面例

観光の計画時点から現地での体験、帰路までをサポート

観光客の多くは、事前に情報を集めて目的地を選び、計画を立ててから向かう。目的地では、食事や観光を楽しみ、ホテルや旅館から「お客様」としてのおもてなしを受けて、帰路につく。彼らは、旅行という非日常的な空間でさまざまな体験をするが、Visi+Aizuは、この旅行の一連のプロセスをデジタルでサポートする（図2-10）。

	旅行者のプロセス	一般的な取り組み	「Visi+Aizu」の取り組み
旅行前	認知~興味関心	未実施	●ブログ等“生の観光体験”を通じた情報発信 ●TJWによる東京での情報発信
旅行前	情報収集	自治体別の外国語対応サイト	●個々の自治体・観光関連協会の枠を超えた会津全体の情報提供
旅行前	旅の準備	日本人向けマス情報をそのまま外国語化	●観光客の国・都市・嗜好や懸念点にも対応した、きめ細かな情報提供
旅行中	日本の主要観光地~会津の観光地	未実施	●カーナビゲーションに加え、公共交通機関の情報を詳細に提供
旅行中	観光地	観光施設の外国語対応にバラつき	●店舗/観光地背景情報のプッシュ発信
旅行中	食事・買物・宿	名物が多すぎて不明確 日本語のみのメニュー	●Must Buy /Eatを明確にした外国語メニュー
旅行後	帰宅	アナログなアンケート	●デジタルアンケートサイト、アクセスデータを通じた行動・評価分析

出所:アクセンチュア

図2-10 インバウンド拡大に向たデジタルDMO「Visi+Aizu」では旅行者の一連のプロセスをデジタルでカバーする

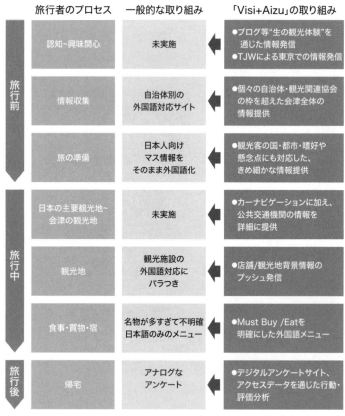

各プロセスで提供されるサービスや注力しているポイントは次の三つである。

(1) デジタルプロモーション
(2) デジタルトラベルサポート
(3) インバウンド・データアナリティクス

(1) デジタルプロモーション

東京や京都、富士山など、世界的にも有名な都市や地域の情報はインターネット上にあふれている。ところが、地方の観光都市の情報は限定的だ。2015年に実施した会津地域の世界における認知度調査では、NHKの大河ドラマ『八重の桜』が放映されていた台湾を除いて、認知度はゼロに近い状況だった。

そもそも会津地域では、世界に向けた情報発信に対して積極的には取り組んでいなかった。そうしたこともあり7年前は、会津の市街地や旅館街で外国人観光客を見かけることはほとんどなかった。逆に言えば、伸びしろが十分にあるということでもある。そこで、以下3点をプロモーションの基本方針として打ち出し、徹底したプロモーションを実施することにした。

■基本方針1：ターゲットやコンセプトポジションを明確化する
■基本方針2：各国民の嗜好性に合わせたコンテンツを整備・発信する
■基本方針3：情報発信を各国のインフルエンサーに委ねる

■基本方針1：ターゲットやコンセプトポジションを明確化する

観光コンテンツの策定で重要なことは、「誰に向けて発信するのか？」という明確なターゲティングである。そこでVisit Aizuのプロジェクトチームは、会津地域の観光資源である「自然」「歴史」「温泉」「食」を総合的に分析し、会津を「日本の原風景を感じられる街」として位置付けることにした。

そのうえで、ターゲットを「東京と京都はすでに訪れたことのある外国人観光客」、つまり「複数回日本を旅行した経験がある、日本好きのリピーター」と設定した。さらに「3度目の日本は会津へ」というコンセプトを打ち出した。

会津を訪れる外国人観光客をリピーターと設定したのは、提供する情報が初めて日本を訪れる観光客とリピーターとでは異なるからである。初めての訪日外国人に向けてはまず「日本とは？」「日本人とは？」「日本の文化とは？」「食とは？」「温泉地での過ごし方」など、日本をゼロから体験してもらうためのさまざまな情報コンテンツが必要になる。

しかしリピーターの場合は、上記のような日本の総合的な概要紹介は省略できる。もっと言えば、どこにでもある情報を載せる必要性はない。それよりも、会津地域独自の特徴、会津地域でしか体験できないような深掘りした観光コンテンツをアピールすべきだ。

たとえば、京都を訪れたことがある外国人観光客は、日本の歴史や文化をすでに体験している。日本の文化に感銘し、また日本を楽しみたいと思っているからこそ訪れる。そういった日本のファンともいえるリピーターには、会津地域の深い歴史や魅力をダイレクトに伝えるほうが効果的だ。

このように、ターゲットを絞り、優良顧客へとつなげていくための観光コンテンツの策定が、長期にわたるインバウンド戦略にとって重要である。

■基本方針2：各国民の嗜好性に合わせたコンテンツを整備・発信する

地方自治体の観光サイトを調査すると、国内観光客向けのＷｅｂページをそのまま外国語に翻訳したサイトが散見される。だが実際は、国・地域ごとに観光における嗜好は異なっており、提供するコンテンツも、それぞれの嗜好に応じて掲載しなければ集客効果は高まらない。

たとえば、「食」は国・地域の文化や習慣に強く影響されることもあり、嗜好が分かれやすいものの一つである。代表的なのが刺身だ。今でこそ寿司は日本食として世界的にもスタンダードになったが、それでも外国人のなかには生魚を食べることに抵抗のある人はいる。

会津地域の郷土料理の一つ「馬刺し」も同じで、中国人の多くは馬肉や生肉を食べる習慣がない。そんな中国人へ馬刺しを紹介するコンテンツを見せても、旅行先に会津を選択してもらえない。日本人には愛されている会津の日本酒も、中国人には味が薄すぎると不評な場合もある。その一方で、味の濃い喜多方ラーメンは大好評だったりもするのだ。

さらにいえば、台湾人は雪は好きだが、スキーができる人は少ない。本格的な会津磐梯山のスキー場を勧めるより、雪遊びができるトレッキングのほうが喜ばれるといった具合である。

情報発信をする側が、どれほど素晴らしいと感じ、伝えたい最高のおもてなしであっても、受け手側の嗜好に合わなければ喜ばれることはない。国や文化が違えば嗜好の傾向は異なる。地元の人が好むものを訪日外国人向けにプロモーションすることは必ずしも正しいことではないのである。

Visi+Aizuでは、利用者の居住地ごとに、その嗜好に合わせて異なるコンテンツを自動で表示するように設計している。これは、すべての旅行者に会津地域に興味を持って楽しんでもらいたいからだ。プロジェクトでは、利用者の楽しい想像を掻き立てるようなコンテンツマネジメントに注力している。

■基本方針3：情報発信を各国のインフルエンサーに委ねる

Visi+Aizuプロジェクトでは、この4年間で世界各国から数百人に及ぶインフルエンサーを招き、自身が体験した会津地域の魅力を自国のファンやフォロワーに向けて発信してもらってきた。どれほど厳選したコンテンツを提供したとしても、自国の信頼できるインフルエンサーから発信される情報の影響力は比較にならないほど大きいからだ。

この試みでわかったことがある。それは、地域の情報は地域の方や観光関係者が詳しいのは事実だが、外人観光客が好んでいるコンテンツとは必ずしも一致しないということだ。招待したインフルエンサーには自由に行動してもらったのだが、彼らはいわゆる有名観光地に行かなかったのである。インフルエンサーからのフィードバックを国別に分類し、情報を整理することは、基本方針2にも役立っている。

Visi+Aizuは、会津若松+のなかでも早期に効果が出たコンテンツだ。ページビューは約60万PVになり、公開されたユーチューバーのコンテンツのなかには、再生回数が100万回を超えたものもある（**図2-11**）。

この3つの基本方針に沿ったプロモーションを実施したことで、外国人観光客はVisi+Aizuの運営前と比較して3～4倍に増加。会津若松市内で外国人観光客を見ない日は、ほとんどなくなった。会津若松駅前のビジネスホテルでは欧米人の宿泊客が多くなっている。

（2）デジタルトラベルサポート

Visi+Aizuは大きく次の4つのトラベルサポートを実現している（**図2-12、13**）。

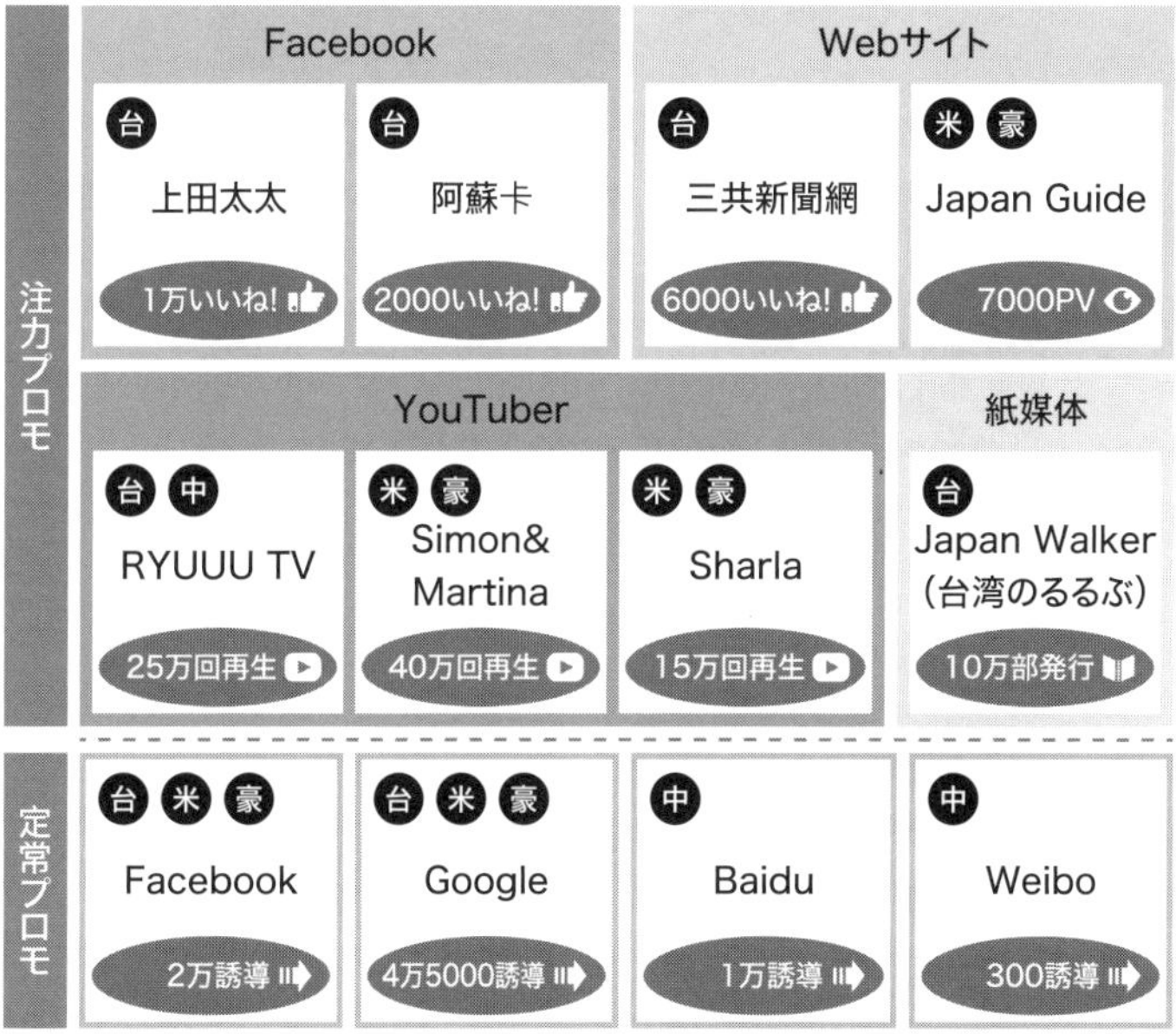

出所:アクセンチュア

図2-11 各国のインフルエンサーを活用したデジタルプロモーションの例

出所：アクセンチュア

図2-12 「Visi+Aizu」が提供する4つのトラベルサポート（その1）

出所：アクセンチュア

図2-13 「Visi+Aizu」が提供する4つのトラベルサポート（その2）

■サポート1：訪日外国人観光客の居住地と嗜好に合わせたコンテンツの提案

Visit Aizuでは、パーソナライゼーション（個人への最適化）を重要視し、さまざまなコンテンツと連携している。観光サイトにアクセスしてきた利用者が国籍を選択すると、その属性に応じて評価が高い観光スポットを紹介する。

■サポート2：二次交通まで考慮したベストな旅行プランの提案

居住地や嗜好、旅行の時期や季節といった情報を基に、さらに個別化された旅行プランを提案する。訪日外国人が旅行中に困ることの多い二次交通の情報も詳しく解説し、「どの駅で何分発の電車に乗ったらよいのか」といった情報まで提供する。

■サポート3：会津地域の魅力を伝える深いシナリオコンテンツ

日本慣れしている外国人観光客に向けて、会津と他地域との違いをわかりやすく伝えるシナリオコンテンツを目指し、より深い情報を提供している。たとえば、合掌造りで有名な岐阜の白川郷と会津郡下郷町の大内宿は、いずれも多くの観光客に人気がある。だが、両者の比較情報があれば、それぞれの特徴や良さをよりわかりやすく伝えられる。これは、目的地以外の日本各地に興味をうながすことにもつながる。

■サポート4：メニューの多言語化・外国人観光客の生の声を収集

旅行にきて、ぜひ買うべきもの、食べてほしいものをわかりやすく掲載し、観光客の購買行動をうながす。多言語化したメニューは店舗に持っていくこともできる。観光客の感想や意見を集めてサービスの改善に活かしている。

(3) インバウンド・データアナリティクス

ワイヤ・アンド・ワイヤレス（Ｗｉ２）の「TRAVEL JAPAN Wi-Fi」は、訪日外国人観光客に同社が運用するＷｉ-Ｆｉスポットの無料接続と情報配信のサービスを提供している。本サービスは日本全国で提供されており、単に外国人観光客に便利でお得なサービスであるだけでなく、観光客を迎える側にも重要なデータを提供してくれる。特に、スマートフォンのＧＰＳ機能とＷｉ-Ｆｉを利用した位置情報から利用者の行動データを匿名統計化データとした点は大きい。

このデータを利用すれば、会津地域を訪れた観光客の人数だけでなく、観光客一人ひとりがどこからどこを経由して会津に入り、その後どこへ向かっているのか、どのような観光ルートを辿ったのかなど動態分析が可能になる。観光客の傾向を把握できれば、レコメンデーションの精度もさらに高められるだろう。会津地域への訪問経路は、交通網整備を担う公共交通事業者にとっても有益な情報となる。それら情報を関係地域で共有し、今後のインバウンド戦略に活用できるのだ。

広域でサービスレベルを高めるにはデジタルが有効なツールに

インバウンド戦略は地方創生の大きな柱である。だが、やみくもに単発的なプロモーションを実施しても継続的な成果は得られない。高い成果を得るには、実施したプロモーションの効果を客観的に分析し、その分析結果を次の施策に活かしていく改善サイクルが大切である。そのためには、分析に必要なデータを収集し、蓄積していくことだ。そして、ターゲットになる観光客の視点に立った施策に落とし込む。

会津地域におけるＤＤＭＯは当初、会津若松市のプロジェクトとしてスタートした。現在は、会津広域の周辺7地域が連携したプロジェクトに拡大している。これは、訪日外国人観光客は会津若松市内だけを観光するために日本を訪れるわけではないからだ。彼らは喜多方ラーメンも食べたいし、大内宿にも行ってみたい。冬には磐梯山でスキーもしてみたい。そうした観光客をもてなし、最高の体験をしてもらうには、自治体の垣根を越えて、会津広域としての魅力を発信する必要がある。

２０１９年３月でリリースから丸４年、観光客は3.4倍に増えた。この結果がすべてだといえるだろう。すなわち、観光プロモーションで最も重要なのは、観光客の立場に立って考えることであり、地域全体で高いサービスレベルを実現するためにはデジタルは最も有効なツールなのである。

2-4

予防医療へのシフト術となる「IoTヘルスケアプラットフォームプロジェクト」

医療費を抑え、健康長寿を実現するためにIoTを導入する

日本では、1961年に国民皆保険制度が導入され、誰もが低負担で充実した医療を受けられるようになった。しかし、超高齢社会に突入し、平成28年度の国民医療費は42兆1381億円まで膨れ上がってしまった。国の年間予算が100兆円程度と考えると、医療費がどれだけ巨額かがわかるだろう。

国民皆保険制度は、医療を誰でも受けやすくした半面、国民の予防医療への意識を下げたのかもしれない。今後も医療費が増大していくことが自明である以上、持続可能な制度にするためには変革が必要だ。では、どうすれば〝健康長寿国〟に向けて、この問題を解決できるだろうか。

重要なのは、市民が積極的に健康的な生活へシフトすること、医療機関が予防医療に向けた支援体制を充実させること、地域行政が市民に積極的に啓蒙することである。さらに、健康長寿社会への変革をヘルスケア関連産業全体が連携して推進していくことが大切になる。

医療費の問題は、会津若松市も例外ではない。同市は、1995年をピークに人口が減少傾向にあり、社会保障費の拡大が課題になっている。そこで、会津若松市では、2016年からIoT（モノのインターネット）などの技術を活かし、予防医療を推進するための「IoTヘルスケアプラットフォームプロジェクト」に取り組んでいる。

ウェアラブル端末などで健康を見える化し、行動変容を促進

IoTヘルスケアプラットフォームプロジェクトは、センサーやウェアラブルデバイス、スマートフォンやPCのアプリ、スマートTVなどを用いて健康に関するデータを収集・蓄積し、そのデータを活用して病気を予防する、あるいは病気の進行を防ぎ、健康を維持することを目的としている。ヘルスケアの流れを、「健康管理」「予防」「検診」「診療」の4つに分類するとすれば、本プロジェクトは「健康管理」から

「検診」の半分くらいまでをカバーする（**図2-14**）。現在、約100名の市民モニターが、ウェアラブルデバイスを使った実証実験に参加している。

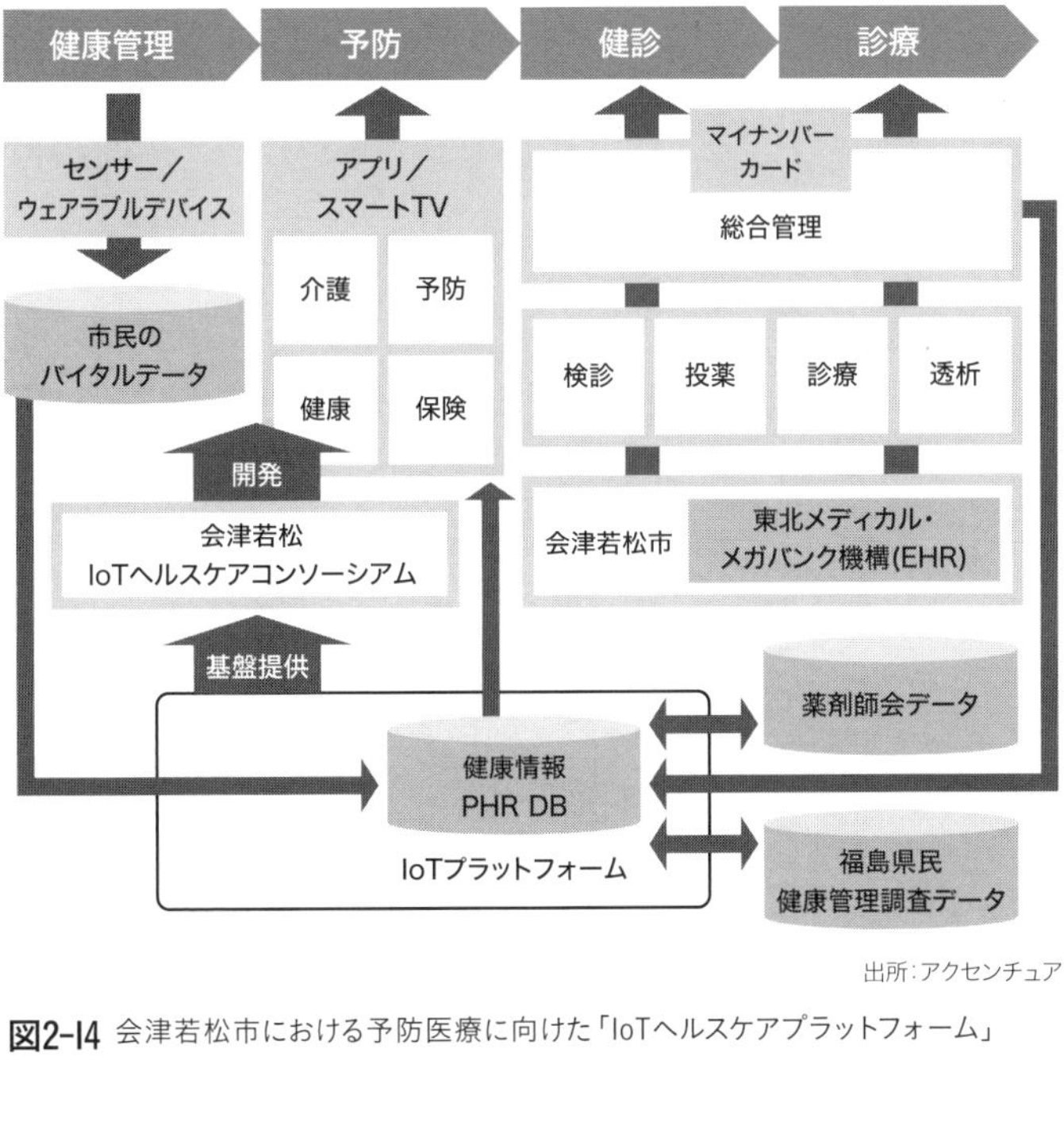

出所：アクセンチュア

図2-14 会津若松市における予防医療に向けた「IoTヘルスケアプラットフォーム」

具体的には、日々のバイタルデータを収集することで健康状態を見える化、センサー付き薬箱で処方された薬を時間通りに摂取、センサー付きベッドで睡眠状態をチェック、収集したバイタルデータからカロリー消費を計算して食事をレコメンドするなどだ。

データの見える化は市民が行動変容を起こすきっかけになる。IoTヘルスケアプラットフォームプロジェクトによって、参加市民の予防医療への関心は確実に高まっている。医療機関においても、アンチエイジングの施設が市内に新設されたり、予防医療専用棟が竣工したりと変化が起き始めている。

こうしたヘルスデータは保険選びにも役立つ。自分の健康状態や傾向からどんな病気に備えるべきかがわかり、無駄なく最適化された保険をかけられる。こうした予防医療が進めば、医療費の縮小にもつながるだろう。

最も重要なポイントは、データの提供者である市民や医療関係者、さらには医療の発展に寄与する各産業に対して、データの分析結果が価値ある成果につながるかどうかだ。そのためには、正確なデータをいかに市民の負担を減らしながら収集・蓄積できるかがカギとなる。

パーソナルデータの活用は、市民が主導権を握る

その意味で、本プロジェクトの根幹をなすのが、データを市民（患者）単位に統合する「パーソナルヘルスレコード（ＰＨＲ）」の考え方である。

現在、医療データは医療関連機関ごと、健康関連機関ごとにばらばらに保管されている。たとえば、熱を出せば内科、花粉症の治療は耳鼻科、虫歯の治療は歯科と、症状に合わせて医療機関を受診する。当然、カルテもそれぞれの医療機関ごとに保管されている。健康診断も同じで、一般的には転職などで健康保険組合が変わると、それまで蓄積されてきた健康診断のデータや過去の通院歴などのデータは引き継がれない。

ＰＨＲでは、それらカルテ情報や健康診断結果など健康に関わるデータを、市民を中心に一元管理するのである。それによって、内科を受診しても耳鼻科を受診しても、健康保険組合が変わっても、その人が過去にかかった病歴や健康診断のデータをいつでも確認できるようになる。ＰＨＲは一元管理するだけではない。その先にある予防医療を見越している。

従来のデータ管理方法では、医師は患者がどのような生活を送ってきたか、診察後

どのような生活をし、健康状態がどう変化したかなどを知ることはできない。そこで、医療情報をIoTヘルスケアプロジェクトで実施したウェアラブルデバイスから得た日々のバイタルデータと組み合わせ、患者個人にフィードバックしたり、健康指導したりすることで、より予防医療を推進することが可能になる。それは同時にPHRの正確性をより高めることにつながる。

ここで改めて強調したいのは、会津若松市のスマートシティプロジェクト全体を貫く「市民中心」というキーワードである。市民の健康に関わるデータは、極めてプライベートだ。欧州で2018年5月に施行された「GDPR（一般データ保護規則）」やSNS事業者による個人情報の取り扱い問題などにみられるように、パーソナルデータの取り扱いに対し現代は、これまでになくセンシティブになっている。

それだけに、データの利活用にあたっては市民一人ひとりが主体者となって主導権を持つことが重要である。だからこそオプトイン（事前に利用者の承諾を得ること）によって利活用が許可されたデータが集まることが最も望ましく、会津での取り組みにおいて目指す姿でもある。

データ活用は、今後の医療発展に何をもたらすか

利活用が認められたPHRは、データ提供者である市民、オプトインで得られた患者（市民）のデータを活用できる医療機関、そして社会に、どのようなメリットをもたらす可能性があるのだろうか。それぞれの立ち位置でのメリットは次の通りだ。

市民にとってのメリット：分析後の情報がフィードバックされる。これにより、食事や運動、保険制度など、市民それぞれを主体とした健康生活の実現に向けた改善を図ることができ、健康的に長生きして楽しい人生を過ごせるようになる。

医療機関にとってのメリット：患者に対して、適切なアドバイスを必要な時に提供できる。突発的なことが起きた場合でも、その患者のPHRから過去の医療履歴がわかるため、適切な処置が施しやすくなる。救急体制と連携すれば、さらに強固な体制が築ける。

社会に対するメリット：医療データとライフログを統合したヘルスケアデータは、日本の創薬発展や医療行為全体の発展に寄与する可能性がある。

IoTヘルスケアプラットフォームプロジェクトが参照する「メディコンバレー」では、上記のようなメリットがすでに実現されている。

メディコンバレーとは、産学官連携で電子医療情報（EHR：Electronic Health Record）を収集・蓄積し、分析・活用することで、EU（欧州連合）最大の医療・健康産業クラスターをなすデンマークとスウェーデンにまたがるエリアを指す。特に神経疾患、炎症性疾患、がん、糖尿病の研究で有名で、12の大学、32の病院、製薬大手を含む300以上の民間企業が集積し、両国のGDP（国内総生産）の20％の経済効果を創出しているともいわれる。

このメディコンバレーを支えるのが、デンマーク人とスウェーデン人の医療データを収集・蓄積した医療情報のオープンデータである。デンマークとスウェーデンでは出生直後にマイナンバーを付与、DNAを採取し、生涯にわたって医療データを一元的に管理する（**図2-15**）。

ヘルスケアデータとして、デンマーク人とスウェーデン人の生後の全医学的データを収集すると同時に、副作用情報なども蓄積している。その医療データを治験などで活用しやすいように規制緩和したうえで、「Medicon Valley Online（MVO）」というWebサイトを通じて情報公開している。そこでは、「Medicon Valley Alliance（MVA）に参加する企業の情報や開発パイプライン情報なども公開されている。

国民は、こうした医療データを提供することと引き換えに医療費が一生無償になる。さらに、データを活用したさまざまな健康サービスを享受することもできる。

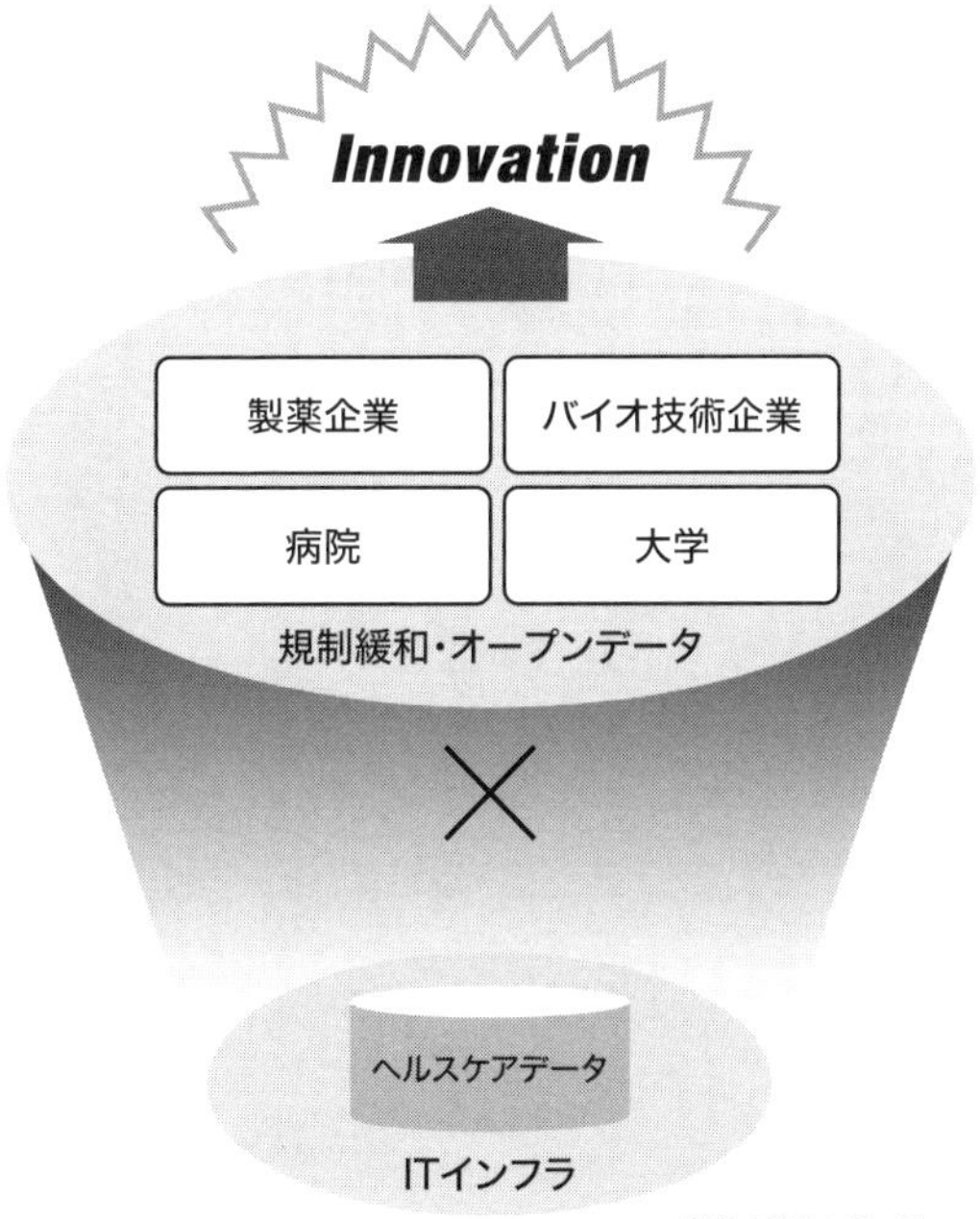

出所：アクセンチュア

図2-15 メディコンバレーでは医療情報のオープンデータ化によりイノベーションを起こしている

デジタルシフトで医療は劇的に変わる

ヘルスケア領域は本来、関係する医療機関や団体、メーカー、国・自治体、そして国民と、関係者が多岐にわたる。それだけに、各所との連携が有機的に機能し、効率化が図れれば、その効果は最大化できる。

だが、医療業界にデジタルシフトを起こすには、それぞれが担ってきた領域も含め、まずはその機能や役割を分けて作り直す必要がある。そのうえで、目的に合わせて最適なサービス提供者と連携し、市民にとっての新しい価値を生み出すことが肝要だ。

企業にとっても、新しいパートナーと組み、新しいデータを取得していくことは、製品/サービスの向上、ひいては新しいビジネスへとつながるはずだ。業界全体や社会の変革をもたらすためには、内なる既得権益に対して創造的な破壊を引き起こさなければならない。本プロジェクトには、そうした目的意識を持った産官学医分野の22団体が参加している（**図2-16**、**表2-1**）。

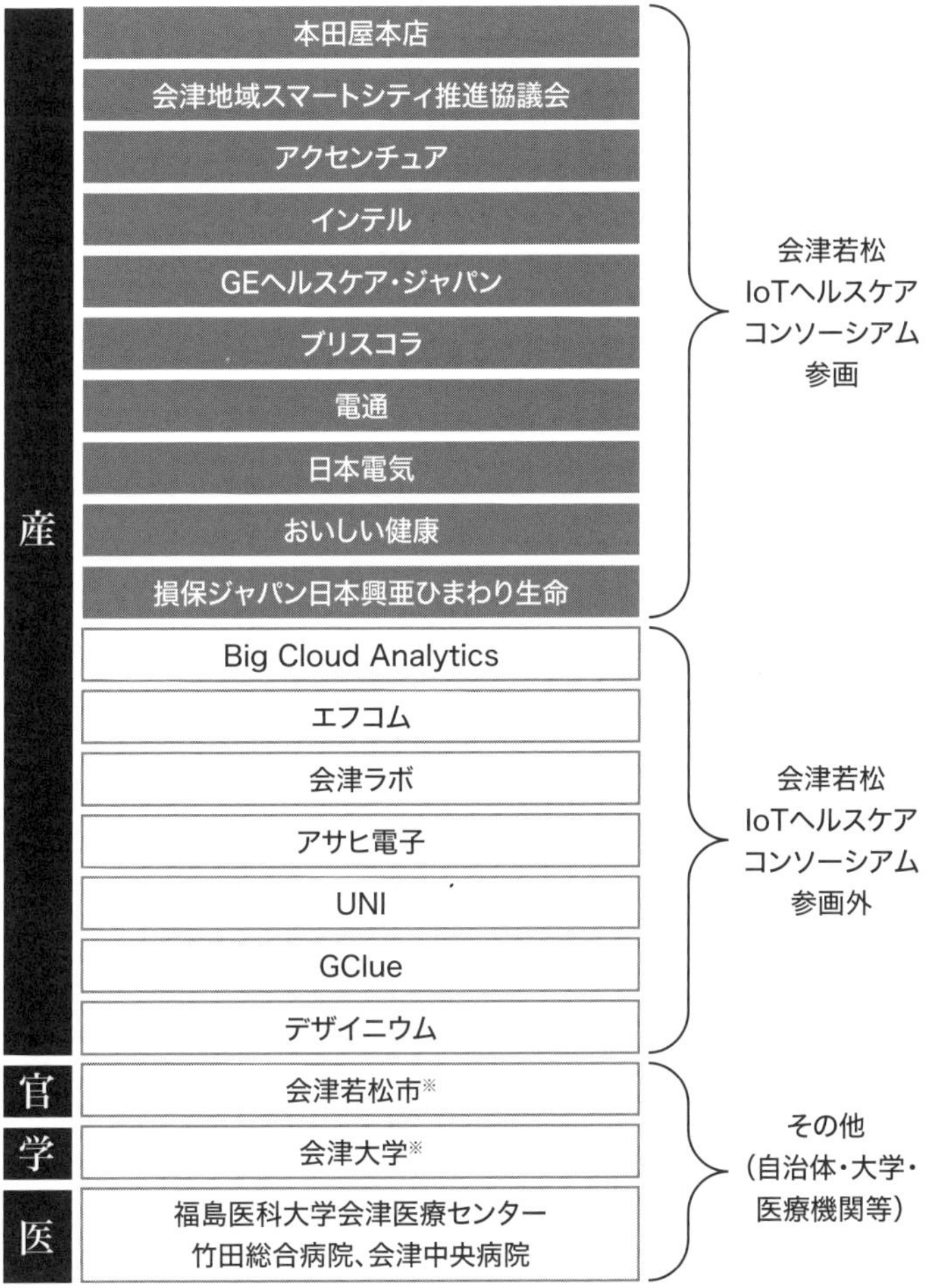

※会津地域スマートシティ推進協議会の一員として参画

出所：アクセンチュア

図2-16 IoTヘルスケアプラットフォーム事業の2016年度の推進体制

表2-1 参加団体の主な役割

参画企業／団体名	主な役割
会津若松IoTヘルスケアコンソーシアム参画	
本田屋本店	・会津若松IoTヘルスケアコンソーシアム幹事として参画し、資金・書類を管理 ・会津地域スマートシティ推進協議会事務局として問い合わせ窓口を担当
会津地域スマートシティ推進協議会	・実証事業の全体調整
アクセンチュア	・実証事業の全体調整・マネジメント ・情報連携インフラ構築・SI
インテル	・技術的全体管理、ウェアラブル端末開発支援 ・環境提供、インフラ構築・資金支援、ハッカソン開催を支援
GEヘルスケア・ジャパン	・技術的全体管理、インフラ構築支援（院内クリニカルデータ収集GW構築）
ブリスコラ	・国内唯一のクラウドコンピューティング専門の事業企画・開発会社として参画 ・会津大学と開発したベッドセンサーの提供、APIマネジメント機能の構築
電通	・薬服用管理ソリューションの提供
日本電気	・薬センサー、見守りセンサーの提供 ・分析基盤提供
おいしい健康	・健康データに基づく栄養管理指導ソリューション提供
損保ジャパン日本興亜ひまわり生命	・健康記事キュレーションアプリに基づく健康管理ソリューションの提供
会津若松IoTヘルスケアコンソーシアム参画外	
Big Cloud Analytics	・米国のスタートアップ企業として、データ解析サービスとデータ匿名化機能を提供
エフコム	・地元ICT企業として参画し、会津大学保有のクラウド環境を初期設定・構築
会津ラボ	・会津大学発ベンチャーとして参画し、薬箱センサーを開発・提供 ・APIマネジメント機能の構築
アサヒ電子	・地元企業(電子機器の開発、製造等）として参画し、会津大学と開発したベッドセンサーを提供
UNI	・IoTおよび、IoTに抽象概念を結びつけたIoEの実現や、医療情報等のセキュアな連携技術提供企業として、異なるシステム・プロトコルを統合するプラットフォーム構築を支援
GClue	・会津大学生の有志によるベンチャー企業として参画し、ハッカソン開催を支援
デザイニウム	・会津大学生の出身者によるベンチャー企業として参画し、ハッカソン開催を支援
会津若松IoTヘルスケアコンソーシアム参画外	
会津若松市	・市民データの提供、保健指導、介護施設におけるサービス実証
会津大学	・研究室での医療機関と共同した分析を通じた人材育成
福島医科大学会津医療センター、竹田総合病院、会津中央病院	・医学的見地からの助言、モニターとなる患者・市民の選定とデータ提供（予定）

実際に患者を診療する医師にとっても、デジタルシフトは大きな変化をもたらす。特に今後計画しているＡＩ医療クラークは、医療現場を劇的に変える可能性がある。

ＡＩ医療クラークでは、従来、医師や看護師などが対応してきた電子カルテ入力業務をＡＩによる自動音声入力に置き換えることで、業務処理の大幅な軽減が可能になる。これにより、カルテ入力から解放された医師や看護師は患者さんの顔を見て、医療行為に集中できる。

前述した電子カルテの国内での稼働状況は主要先進国のなかでもかなり遅れている。普及率でいえば、ノルウェー98％、イギリス97％、ドイツ82％。個人情報に厳格なアメリカでさえ69％なのに対して日本は32％に過ぎない。この原因として、そもそも医師が電子データ入力を苦手とし負担に思っていることや、導入コストの問題がある。一方患者にしても、医師がパソコンのモニターばかり見て自分に向き合ってくれないことへの不満が高まり、結果として満足度が下がってしまう。

そこで、医師の発話から必要な情報を抜き出し、標準フォーマット化された電子カルテに自動入力できれば、これらの課題はすべて解決できる。ＡＩの音声認識を利用して医師が話した内容を電子カルテに自動的に入力できるのだ。患者に関する医師からの問い合わせにも、ＡＩが電子カルテのデータベースから検索し自動回答する。このＡＩ医療クラークが実現すれば、ＰＨＲが持つデータはより正確になり、医師の業務負担も軽減できる。今後、会津若松市内の病院で実証事業を始める計画である。

さらに診療後は、その場でスマートフォンによる決済が行われ、処方箋データは薬局と連携し、宅配で自宅に薬が届けられる。ただでさえ具合が悪いのに診察後に会計で待たされ、やっと会計が終わっても次は薬局で待たされるという経験は誰にもあるだろう。病院での滞在時間を大幅に減らすことで患者の負担は大幅に減り、医療の効率化も促進される。医療分野での生産性向上にデジタルは大きく寄与するのだ。

医療とその関連産業領域のデジタルシフトが加速すれば、従来とは異なる人材も必要となる。医療分野専門のデータ分析官である。医師免許を持つメンバーとデータ分析の専門性を持つメンバーが協働して共通の課題に取り組むことで解決できることは多い。そのためには、医療アナリティクス人材を増やす必要がある。会津若松市では医療機関や大学などと連携し、医療アナリティクス人材の育成を目的としたハッカソンを開催するなどしている。

医療とその関連産業領域は、デジタルシフトによって大きく成長する可能性が高い。重要なポイントは、日々の活動データ（ライフログ）や医療行為に基づくデータを、市民（患者）を中心としたＰＨＲへと集約していくことだ。

ＰＨＲを分析することで、市民の健康向上のためのレコメンデーションのみならず、医療の質的向上につながるデータ提供が推進されれば、日本の医療業界全体がデータを中心としたデジタルシフトを起こし、劇的な変革を遂げるだろう。

2-5

小さく始めて大きく育てる

間口を広く取り、参加への心理的なハードルを下げる

すでに説明したように、会津若松＋は「エネルギー」「観光」「予防医療」「教育」「農業」「ものづくり」「金融」「交通」の８領域に分かれているが、これには理由がある。１章で説明したように、スマートシティは参加する市民が多くなるほど蓄積データも増え、それが次のサービス開発へつながる。この好循環を回すには、市民の参加率を上げる必要がある。

しかし、今の日本人の趣味嗜好は多様化しており、すべての市民が興味関心を抱くような領域はない。一例を挙げれば、IoTヘルスケアプロジェクトに対するニーズは45歳以上で高まるものの若年層はあまり興味を示さない。逆に、教育は子どもを持

つ親にとっては関心事だが、子どものいない世帯にとっては不要だろう。世帯構成によっても年代によっても興味関心のある領域は全く異なるのである。

そうなると、たとえば予防医療サービスだけを提供すれば、若い人のデータを収集することができないという可能性が出てくる。スマートシティは、全世代のデータを収集・蓄積する必要がある。そのためには、どの世代でも参加できるように、さまざまな領域を対象にしたほうがよい。

そこで、私たちは最初の復興関連事業として、２０１２年にスマートエネルギープロジェクト「エネルギー見える化プロジェクト」をスタートさせた。これは、一般家庭に電力消費測定装置（ＨＥＭＳ：Home Energy Management System）を設置し、時間別・日別の消費電力量をリアルタイムに表示するというサービスだ。

エネルギー関連サービスから開始したのには理由がある。パーソナルデータほどセンシティブではなく、電気代が下がるという経済的なインパクトが提供できるからだ。省エネという社会課題にも貢献でき、電力産業へは需要予測情報を提供できる。まさに〝三方善し〟のモデルである。

実証実験の規模として、参加者は地域のリーダー的な存在の人を中心とする１００世帯に限定した。小さくスタートし、一つひとつを着実に成功させることで、市民に少しずつ理解してもらいながら大きく成長していくという戦略を採った。

ローカルマネジメント法人を活用した産官学民連携体制

市民の参加率を上げるために重要なことがもう一つある。それは地域における産官学民連携である。

海外を含むスマートシティ事例の多くはＧＡＦＡ（Google、Amazon、Facebook、Apple）やＢＡＴ（Baidu、Alibaba、Tencent）に代表されるようなプラットフォーマー企業が主導するモデル、あるいは新たな街を創るデベロッパーが主導するモデルが主流だ。

しかし、会津若松市のモデルはそのどちらでもない。地方都市がデジタルシフトを推進し、市民に支持されるスマートシティを実現させるには、そこに住む市民が何を大切にし、何を求めているのかを尊重し、地域における産官学民連携の体制を組んで推進していくことが不可欠である。

そこで、私たちはローカルマネジメント法人を活用して、産官学民連携の体制を整えることにした。ローカルマネジメント法人とは、ＮＰＯ（非営利団体）法人と株式会社の双方のメリットを取り込んだ事業体で、市場のメカニズムを活かした地域経済の再生を狙って創設された法人形態だ。

最終的に、会津若松スマートシティの推進体制は、国・自治体のほか、会津若松市まち・ひと・しごと創生包括連携協議会、会津地域スマートシティ推進協議会、一般社団法人スマートシティ会津、一般社団法人オープンガバメント・コンソーシアム（ＯＧＣ）で構成されることになった（**図2-17**）。各団体は、それぞれが重要な役割を担っている。

・会津若松市まち・ひと・しごと創生包括連携協議会

日本内閣の「まち・ひと・しごと創生本部」の指導に基づいて、２０１５年に発足したオープンな会議体。スマートシティ関連事業の年間テーマを協議する。国内外の産官学金労言（金労言は、金融機関、労働団体、メディアのこと）＋地域の各分野から、およそ40団体が参加する。

会津若松市は２０１７年に「第７次総合計画」を策定、スマートシティを街づくりの中核に位置付けた。第７次総合計画に沿って、各団体は実証フィールドである会津若松市で実施したいプロジェクトを会議で提案する。

各提案を会津地域スマートシティ推進協議会が審議し、実行するプロジェクトを選定。選定されたプロジェクトは実施計画を策定し、幹事会の承認を受けた後に、会津若松市や福島県、政府に提案・申請するというプロセスになっている。

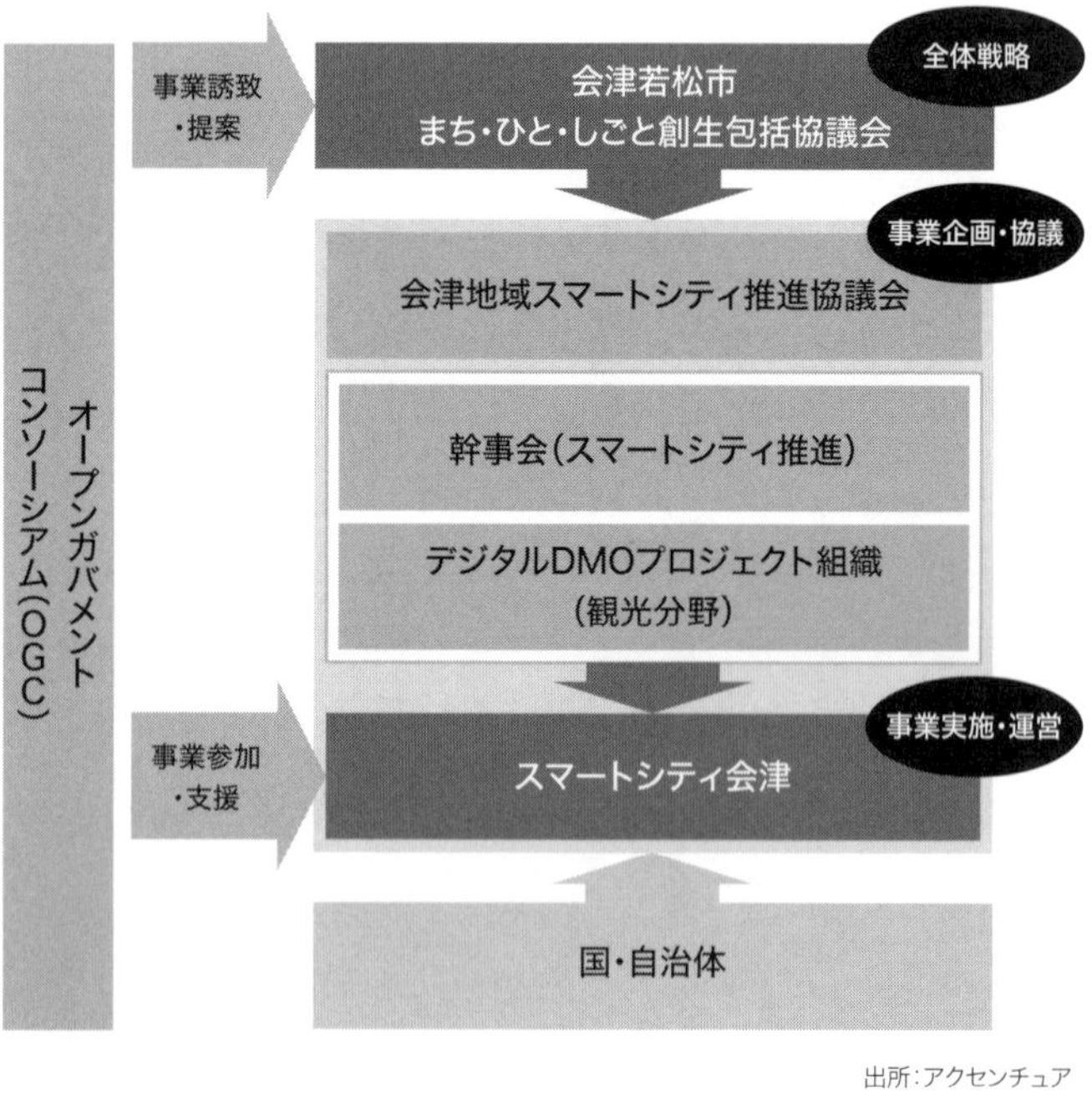

出所:アクセンチュア

図2-17 会津若松スマートシティの推進体制

・会津地域スマートシティ推進協議会

地元を拠点とする産官学15団体以上で構成される会議体。会津若松市や会津大学をはじめ、金融機関やエネルギー関連、観光、ITの各業界の代表企業、プロジェクトに関連した行政団体などが参加している。

本協議会では、各社から提案されるプロジェクトの中から実施すべきプロジェクトを選定する。その基準は、「地域の課題解決につながる内容であること」「他地域でも展開可能であること」「日本社会全体に貢献するものであること」だ。

設立6年目となる2018年には幹事会の役職改選が行われ、地元の大手総合病院である竹田病院が代表理事に就任した。2-4節で紹介したIoTヘルスケアプラットフォーム事業を推進するための体制づくりである。時代に合わせて変化する優先課題にも素早く対応できる、柔軟な組織構造を持つ会議体だ。

・一般社団法人スマートシティ会津

10以上の団体からなる、選定されたプロジェクトの運営と市民から預かったデータガバナンスを担当する組織。

会津若松スマートシティは、収集するデータの活用目的をプロジェクトごとに明示し、市民の承諾を得たうえ（オプトイン）で利用している。データは活用して初めて価値を生み出す。データ提供者である市民に活用成果をフィードバックすることで、その価値を実感してもらい、さらに地域や自治体、ひいては国全体に貢献していることを認識してもらうことが大切だ。市民にポジティブな情報提供行動をうながすことは、デジタル時代において不可欠な意識改革の取り組みの一つである。

ただし、市民やIoTから提供されるビッグデータには個人情報も含まれる。個人情報保護の時代、収集・蓄積したデータは安全に管理・運用することが求められ、そのためにはガバナンス組織として法人格を有していることが重要だ。スマートシティ会津は市民への啓蒙活動とデータガバナンスという重要な役割を担っている。

またスマートシティ会津は、地方創生の中核組織となるローカルマネジメント法人の位置付けにもある。他地域のスマートシティプロジェクトの多くは、任意団体が推進している。しかし、持続可能なプロジェクトとして実証から実装に移行する段階では、法人化が必須条件になる。充実したサービスを提供すれば利用率が上がり、サービス運用が軌道に乗ると一定の収益が生まれるためだ。

具体的には、デジタルガバメント推進による自治体からの運用委託、デジタルコミュニケーションポータルにおける広告収入、ビッグデータの2次的利用による情報信託機能、地域エネルギーマネジメントなど、スマートシティは行政の従来業務からのデジタルシフトや、ビッグデータによる新たなビジネスを生み出す可能性が考えられる。

スマートシティ会津の定款では、スマートシティが生み出した収益を新たなサービス開発に再投資することを設立当初から定めている。市民から預かったデータを活用して地域を活性化させ、サービス提供による財源を確保し、そこで得た収益を再投資することでスマートシティは発展し続ける。

・一般社団法人オープンガバメント・コンソーシアム（OGC）

世界最高レベルの電子政府および電子自治体をオープンなクラウド技術で実現することと、市民中心のオープン・フラット・シェアモデルを追求・推進することをビジョンに掲げる社団法人。国内外40以上のIT企業で構成され、政策提言や実証事業を実施している。会津若松モデルはそのビジョンに即し、IoTプラットフォームの世界標準やオープンスタンダードの検証といったテクノロジー支援、地方創生政策である機能移転モデルを提唱する。

現在、次の11の分科会・研究会を運営している。各分科会が策定した実証計画のいくつかは、会津を実証フィールドにして実施されている。

（1）データヘルスケアプロジェクト分科会
（2）オープンスマートシティ分科会
（3）サイバーセキュリティ分科会
（4）高度ＩＴ人材育成分科会
（5）エネルギー改革分科会
（6）ＡＩ・ロボット分科会
（7）Ｆｉｎｔｅｃｈ分科会
（8）働き方改革分科会
（9）API Economy分科会
（10）最新技術研究会
（11）モビリティ研究会

２０１８年度からは、ＡＩ・ロボット分科会の実証事業を会津大学と連携して開始した。今後重要になる人材を育成するために、会津大学と共同で人材育成講座も開催している。ＯＧＣセキュリティ分科会の中核メンバーは、実践的サイバー演習を通じてサイバーセキュリティの人材育成も担当している。

実証した成功モデルは、いち早く実装すべき

スマートシティは新たな取り組みではあるが、単に実証を繰り返しているだけでは先へは進めない。成功モデルはいち早くサービスとして実装し、市民の参加率を高めていかなければならない。

そのためにはレベルの高いアイデアが集まる体制や、地域で実装可能かどうかを多角的に検討・判断ができる体制、そしてプロジェクトの運営と標準化等のサポート体制の整備が重要になってくる。従来の特定組織によるサービス提供とは異なり、市民参加型の共助体制（アライアンス）によるサービス提供モデルを創り上げていくことこそがカギとなるのだ。

日本はこれまで、大手企業の主導で多くの行政システムが構築されてきた。現在、それらが緩やかに連携するエコシステムへの移行期に入っている。これまでも触れてきたが、行政が市民に支持されるサービスを提供するには、既存の組織体制にとらわ

れず、産官学が最適に連携できるエコシステムに変化する必要がある。

会津若松市のスマートシティは、そのモデルともいえるプロジェクトである。2017年には、総務省から「優良事例展開推奨モデル」として認定された。グーグルが主導するカナダ・トロント市のスマートシティプロジェクト「Sidewalk Toronto」でも、ほぼ同じモデルが提案されている。会津若松モデルの経験は、日本の次に少子高齢化社会を迎えるアジア諸国へと広がることが想定される。グローバルスタンダードになっていくよう今後も〝オープン〟〝フラット〟〝シェア〟を追求していきたい。

会津若松＋のベースとなっているDCPはクラウドベースであり、そのまま他の地域でも利用できる。すでに奈良県橿原市で「かしはら＋」がカットオーバーしているほか多くの自治体から相談を受けている。今後も、対象地域は拡大していく予定だ。その際には、会津若松モデルと同じように、各地域で信頼されている企業・団体が運営するローカルマネジメント法人を組織化し、スマートシティ会津と連携する計画を立てている。この地域連携は次のステップとして地方創生の集大成へ発展していくと考える。

CHAPTER 3

SmartCity5.0が切り拓くデジタルガバメントへの道程

3-1

行政や企業の変革条件

ＩｏＴ（モノのインターネット）の進展により、多種多様なモノ同士がつながるコネクテッドの時代が到来しつつある。この時代のつながりは、特定企業の製品・サービスと利用者という、限られたモノや人を対象にした従来のクローズドなつながりとは大きく異なる。業種やメーカーの垣根を越えてＡＰＩ（アプリケーション・プログラミング・インタフェース）の標準化が進み、あらゆるモノやデータが共通のＩｏＴプラットフォームとつながっていくからだ。

そして、プラットフォームに蓄積されたさまざまなデータを分析することで、チャネルも形式も異なる情報の間に関連性を見つけ出し、これまでにない新次元のサービスが創出されていく。

デジタルシフトによってイノベーションが加速する社会環境において、行政や企業が自らも変化していくためには、どうすればいいのだろうか？　何を手放し、何を決断すべきだろうか？　私たちが言いたいことはただ一つ。「Dare to Disrupt（創造的破壊を恐れず、あえて壊す）」である。

地方は、都市部と比べインフラ整備に後れを取っている。その分、組織の既得権益は都市部ほど大きくないため、変化に対応しやすい状況にある。つまり、「遅れていること」がむしろ地方のアドバンテージになるのだ。

だからこそ、「地方創生」や「ＳＤＧｓ（Sustainable Development Goals：持続可能な開発目標）」が注目されるこの時代にあって、会津をはじめとする地方都市は、政府が提唱する「Society5.0（超スマート社会）」の先行事例になるのではないだろうか。

その第一歩となる創造的破壊は、既存の仕組みを根底から見直す勇気と、サービス本位の決断から始まる。次ページから、変革の四つの要件を説明する。

要件1：慣習としてのバンドル・ビジネスモデルの限界

政府は2017年6月、「未来投資戦略2017」および「経済財政運営の基本方針2017」を閣議決定した。「コネクテッド・インダストリーズ」や「Society5.0」と呼ぶ将来像に向けて、国全体として舵を切っていくことにしたのだ。いずれも、業界の枠を超えてデータがつながり、有効活用されることでイノベーションを生み、社会課題を解決していくという考え方が根底にある。

Society5.0について内閣府は、次のように説明している。

「Society5.0で実現する社会は、IoTで全ての人とモノがつながり、様々な知識や情報が共有され、今までにない新たな価値を生み出すことで、これらの課題や困難を克服します。また、人工知能（AI）により、必要な情報が必要な時に提供されるようになり、ロボットや自動走行車などの技術で、少子高齢化、地方の過疎化、貧富の格差などの課題が克服されます。社会の変革（イノベーション）を通じて、これまでの閉塞感を打破し、希望の持てる社会、世代を超えて互いに尊重し合あえる社会、一人一人が快適で活躍できる社会となります」

先の第3次産業革命では、多くの企業で製造プロセスの自動化が進み、製品の生産性と品質が飛躍的に向上した。その後の情報化は、高度なデジタル技術の利活用によって、企画／開発から販売、物流までのビジネスにおけるすべてのプロセスをスマートに連係させることで、生産性と品質の向上に加え、多品種少量生産や短納期を実現した。しかし、これまでのイノベーションのほとんどは、企業や組織内に限定されたものだった。コネクテッド・インダストリーズやSociety5.0では、イノベーションを企業や組織の外側、すなわち都市や社会へと広げていくことになる。

会津若松市が取り組んでいる市民主導型のスマートシティプロジェクトは、まさにSociety5.0そのものであると言えよう。ビッグデータプラットフォームを整備し、さまざまなデータを収集・分析。最先端の技術や知識を持つ企業や団体とコラボレーションすることで、オープンイノベーションを起こしている。市民の暮らしを網羅する「エネルギー」「観光」「予防医療」「教育」「農業」「ものづくり」「金融」「交通」の8つの領域をターゲットに、アナリティクス人材の育成にも力を入れている。

スマートシティの実現には、オープンな連携が不可欠だ。なぜなら、特定の企業や団体に限られた協業で得られる成果は限定的になってしまうためである。多岐にわたる市民生活を根本から変え、市民主導型のスマートシティを実現するためには、さまざまなステークホルダーが連携していくことが重要だ。具体的な事例として、「エネルギー見える化プロジェクト」について取り上げたい。

特定メーカーに依存しないHEMSネットワークを構築

会津若松市は2012年、総務省の2011年度補正予算における実証事業「スマートグリッド通信インタフェース導入事業」の採択を受けて、「エネルギー見える化プロジェクト」を実施した。これは第2章で説明したように、一般家庭に電力消費測定装置（HEMS）を設置して、消費電力量をリアルタイムに表示するというものだ。

本プロジェクトの最大の特長は、複数のHEMSメーカーに、データ連携用APIの公開とHEMSの単体納入を依頼し、特定メーカーに依存しないオープンAPIを開発したことである。従来のメーカー主導によるスマートメータープロジェクトと異なり、各家庭に設置されたHEMSが持つデータは、会津若松スマートシティ推進協議会（現、会津地域スマートシティ推進協議会）が整備したエネルギークラウドに直接集められることになった（**図3-1**）。

プロジェクト開始当初、各メーカーが提案するHEMSは、いずれもバンドルモデルのサービスであった。HEMS導入を推進し省エネ社会へ導くプロジェクトに位置付けつつも、そこから得られたエネルギーデータから家庭内の家電製品の使用

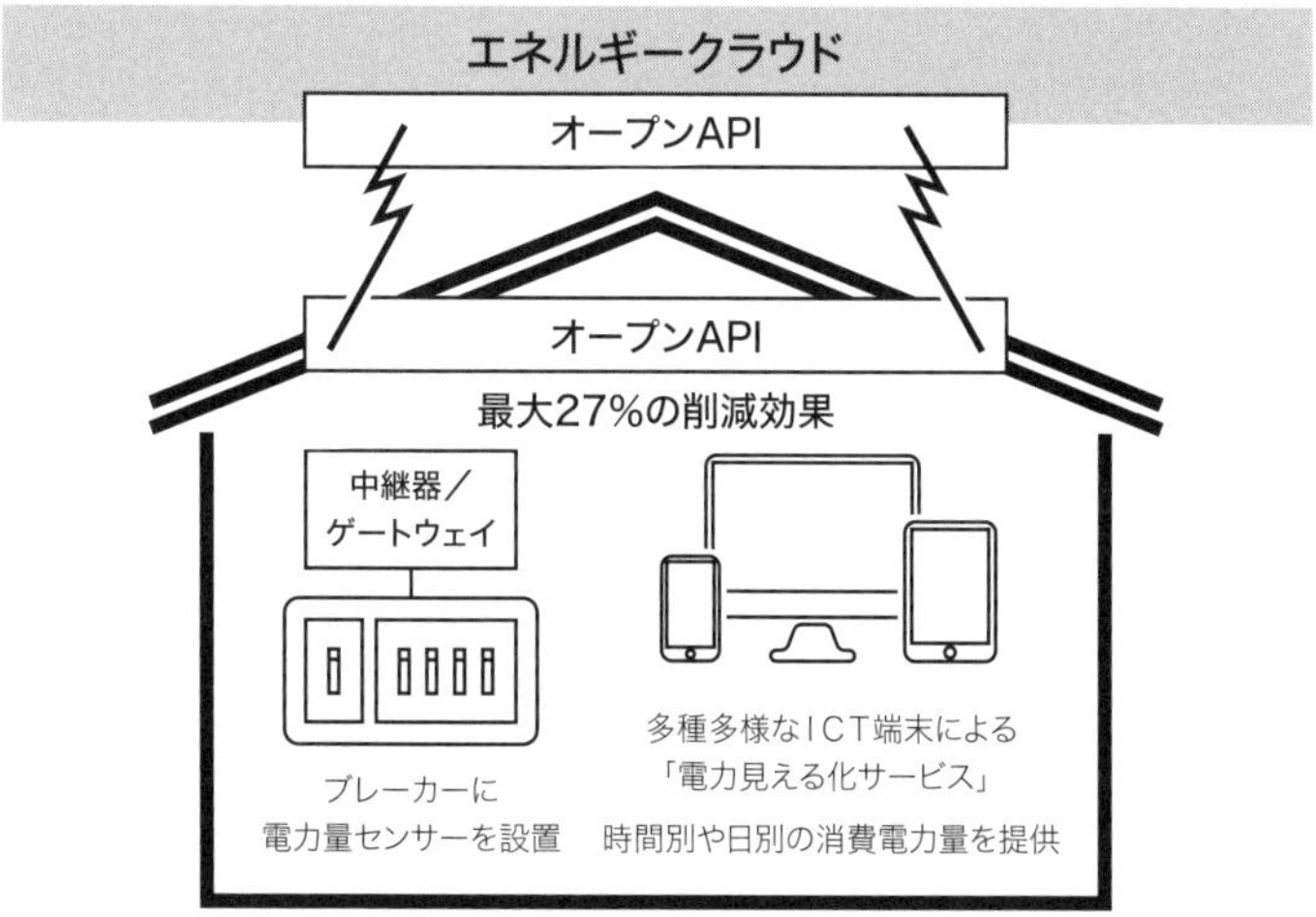

出所：アクセンチュア

図3-1 会津若松市が構築したHEMS（ヘムス：Home Energy Management System）の概要

状況などを把握し、自社のマーケティングに生かそうという狙いがあったからだ。そのため、他社にデータを渡すなどということを想定していなかった。

しかし、会津若松市が目指したスマートシティプロジェクトの目的は「地域社会のためのデータ活用（省エネによるCO2排出量の削減）」である。それには地域全体の電力データが必要だ。HEMS導入は、電力使用量を地域全体でリアルタイムに見える化することで、利用者である市民に、省エネに向けた行動変容を促進できるかどうかを検証するためである。

だからこそ本プロジェクトでは、特定メーカーにバンドル（付随する）サービスをつなぎ合わせるのではなく、会津若松市とアクセンチュアの主導のもと複数のメーカーに協力してもらい、各メーカーの製品・サービスをアンバンドル（切り離し）したうえで最適なモジュールでリバンドル（再結束）したシステムを構築するという日本初のモデルを採用した。これにより、異なるHEMSを使用していても地域全体でデータをリアルタイムに見える化できたのである。

2013年、会津若松市はオランダのアムステルダム経済委員会と連携協定を結んだ。その際、アムステルダム側が最も注目したのが、アンバンドルからのリバンドルによるHEMSのオープンAPI構築モデルだった。

アムステルダム市といえば、世界的にも有名なスマートシティ先行地域である。だが、そこで導入されているHEMSは複数メーカーのバンドルサービスであり、HEMSのデータは各メーカーのクラウドを介して、エネルギークラウドに収集される仕組みになっている。そのため、利用者への情報のフィードバックにタイムラグが生じ、市民の行動変容を促す効果が限定的であることが課題になっていた。

要件2：アンバンドルの決断

会津若松市のスマートエネルギープロジェクトは、総務省で採択されたものだった。にもかかわらず参加を断念した企業も複数あった。「HEMSは製品にバンドルされており、HEMS単体やデータ連携用APIだけの提供はできない」という理由から、自社サービスをアンバンドルで提供することを決断できなかったのだ。

特に大手企業の場合、自社の製品・サービスがカバーできるシステム領域を広げ、トータルソリューションとしてすべてを自社製品で提供することを強みの一つにしている。そのため、モジュール単位での提供やアンバンドルを積極的に推進することは難しいようだった。

一方で、アンバンドルを決断してプロジェクトに参加したメーカーは、リアルタイムな情報のフィードバックが市民の行動変容に影響する結果を目の当たりにし、地域社会におけるデータ活用の意義とスマートシティ全般に対する理解を深めた。

イノベーションの多くはオープンな環境で起こるということを、スマートシティプロジェクトを推進するものは再認識する必要がある。本プロジェクトにおけるアンバンドルの決断は、今後のビジネスに大きな価値をもたらすだろう。

要件3：市民目線に立ったサービス本位のコラボレーション

アンバンドルを決断したら、次に重要になるのがサービス本位のコラボレーションである。自社だけでサービスが成立するとしても、他社を含めたあらゆる製品・サービスを検討したうえで、ユーザー（市民）と市場にとって最適なサービスを実現するための選択と決断が必要だ。

従来、日本の製造業の多くは、モノづくりにこだわったプロダクトありきのビジネスモデルを採用してきた。そのため、サービス本位のコラボレーションは、あまり浸透していない。

一方で、欧米などでは「Airbnb」や「Uber」などのシェアリングエコノミーモデルを採用する新たなビジネスの成長が著しい。これらは既存のビジネスを利用者目線でとらえなおし、「宿泊」「移動」などの機能をリバンドルしたビジネスモデルである。現在では、日本でも大手家電メーカーが自動運転事業に参入するなど、リバンドルによる新たなビジネスづくりがはじまりつつある。重要なのは、利用者や市場サイドに軸足を置くことだ。そうすることで、最適なコラボレーションモデルが見えてくる。

要件4：リバンドルビジネスモデルへの移行

リバンドルする際に重要なのは、関係する組織間の相互運用性を利用者に保証し、柔軟に維持できる運用体制を確立することだ。共同事業体を構築してもいいし、明確な相互運用ガバナンスを構築・維持できるのであればアライアンスでも構わない。「最適なサービスの構築」という共通目的のもと、コラボレーションでは企業規模や地域といったサービスそのものに関係しない問題を徹底的に排除し、自らの既得権益を手放し、俯瞰して検討することが重要である。

会津若松市のスマートシティプロジェクトには、市と会津大学、製造業の事業者、エネルギー事業者、医療機関などに加え、ＩＣＴを中心とするおよそ40団体が参画している。産学官のコラボレーション体制もまた、実証事業を通じてアンバンドルとリバンドルを繰り返している。

スマートシティをはじめとするSociety5.0は、既存組織が既得権益を手放してアンバンドルし、イノベーションによってサービス本位のコラボレーションとリバンドルが実現したときにこそ成就すると考えられる。

3-2

都市のためのIoTプラットフォーム「都市OS」

日本の行政におけるIT化の現状とその背景

２０００年、当時の森喜朗首相が総理大臣として初めてＩＴ戦略を柱とする政策を所信表明演説に盛り込んだ。そして日本政府は、日本におけるＩＴ革命の幕開けと電子政府の実現を宣言した。

政府は、２００９年には電子行政クラウド構想として「霞が関クラウド」と「自治体クラウド」を発表した。これらは電子政府をクラウド上に構築するという構想であり、世界の行政に先駆けての公式発表でもあった。

ＩＴ革命の幕開け宣言から19年。宣言以降、日本政府はその実現に向けてさまざまなシステムを開発してきた。しかし、システムの共通化・標準化は未だ実現しておらず、今やデジタル化の主流になったクラウド化も一向に進んでいない。

一方、世界はＩＴのオープン化を進め、多くのシステムがグローバルスタンダードな技術に刷新され稼働している。クラウドサービスの普及によって、さまざまなシステムが「所有するもの」から「利用するもの」へと変化している。

このように日本と世界の間に大きな差が開いたのは、自治体の独立性にその一因がある。日本には地域行政の要として１７００以上の基礎自治体が存在し、長年培ってきた、それぞれの事情があるため、異なる条例で個別に対応してきた。

それがシステムの共通化・標準化を妨げているのだ。各自治体に導入されたシステムはそれぞれの自治体に最適化されたもので、導入したＩＴベンダーも異なれば、システムも違う。ＩＴベンダーごとに異なるパッケージを部分最適で導入しているので、共通化・標準化できない。加えて、共通化・標準化を実現するために必要な強制力を持った計画と推進体制も整っていない。結果、日本はＩＴ革命を思うように推し進めることができなかった。

システムの共通化と多地域展開を前提とした「都市ＯＳ」

アクセンチュアが会津若松市に復興計画の中核事業としてスマートシティを提案したのは、こうした現状を打破するためでもあった。目的は、デジタルを活用して地域の各産業の活性化を図り、市民生活をよりスマートで豊かにすることだ。そのために行政のデジタルシフトは必須であり、ビッグデータやディープデータを活用するためのスマートシティプラットフォームが不可欠となる。

この都市のためのスマートシティプラットフォームのアーキティクチャーのことを、私たちは「都市のオペレーティングシステム（OS）」、すなわち「都市OS」と呼んでいる。

都市OSは、自治体の既存の基幹システムを代替するものではない。真の市民向けサービス実現において、地域に共通して求められる役割・ニーズに応えるために、システムの共通化と多地域展開を前提に設計・デザインされるものである。

一方で、地域に求められる役割・ニーズは幅広く、かつ常に変化している。そこで、まずは会津若松市を実証フィールドに位置付け、市民主導のスマートシティの要となるスマートシティプラットフォームのそれぞれのサービスや機能をニーズが高いところから開発し、徐々に発展させていく計画だ。日本全体のデジタルによる地方創生を目標に、都市OSの開発プロジェクトは継続して進行中であり、アジャイル型で逐次アップデートされていく。

都市ＯＳの開発にあたって、私たちは従来のシステム開発の慣習をぶち破るような試みをした。開発概要と計画（ブループリント）を当初から公開し、関係者で情報を共有し合ったのである。同時に、ＯＧＣや地域のベンチャー企業とのアライアンス体制によって開発することも宣言した。

従来のシステム開発では、リリース前にシステム開発情報を公開するようなことはしない。そのため、情報が共有されずに各所で同じようなシステムが重複開発される状況に陥ってしまうのだ。私たちが会津若松市の都市ＯＳ開発であえて情報公開に踏み切った理由はそこにある。このようなＩＴ業界の慣習を変え、これまで十分に進展してこなかったシステムの共通化・標準化を、このプロジェクトで実現したかった。

そのため、アライアンスメンバーには情報公開の意義を伝え、重複するシステムを開発しないよう理解をうながした。だが、それでも一筋縄ではいかず、なんとか進めてきたこともまた事実である。

利用率（アウトカム）にこだわった市民ファーストのサービス提供

今、世界で広く活用されているデジタルサービスに目をやると、B2C（企業対個人）、B2B（企業間）にかかわらず、「ユーザーとは、あくまでもサービスを利用するエンドユーザーである」ことを前提にした〝ユーザー起点〟のサービス開発が進められている。操作マニュアルを見なくても直観的に操作でき、誰もがすぐにサービスを利用できるなど、多くのユーザーに支持されるマイクロサービスを開発・提供することに徹底的にこだわり続けている。

地域の市民向けサービスもまた、これと同じように考えるべきだろう。地域の情報や自分の興味・嗜好に合った情報など、市民目線で本当に必要な情報を提供できるサービスを開発すべきなのだ。これを都市OS上で実現しているのが、2-2節で紹介した市民ポータル「会津若松+」である。市民が求める便利なツールやサービスの提供と、その結果（アウトカム）としてのサービス利用率の向上に当初からこだわり続けている。

同時に、スマートシティプロジェクトを支えるすべてのアライアンス企業が、市民ファーストにこだわったサービス開発を実践していけるようサポートする仕組みも整備している。それがオープンイノベーションを推進するデータプラットフォーム「DATA for CITIZEN」である。これが都市OSの中核をなしている（**図3-2**）。

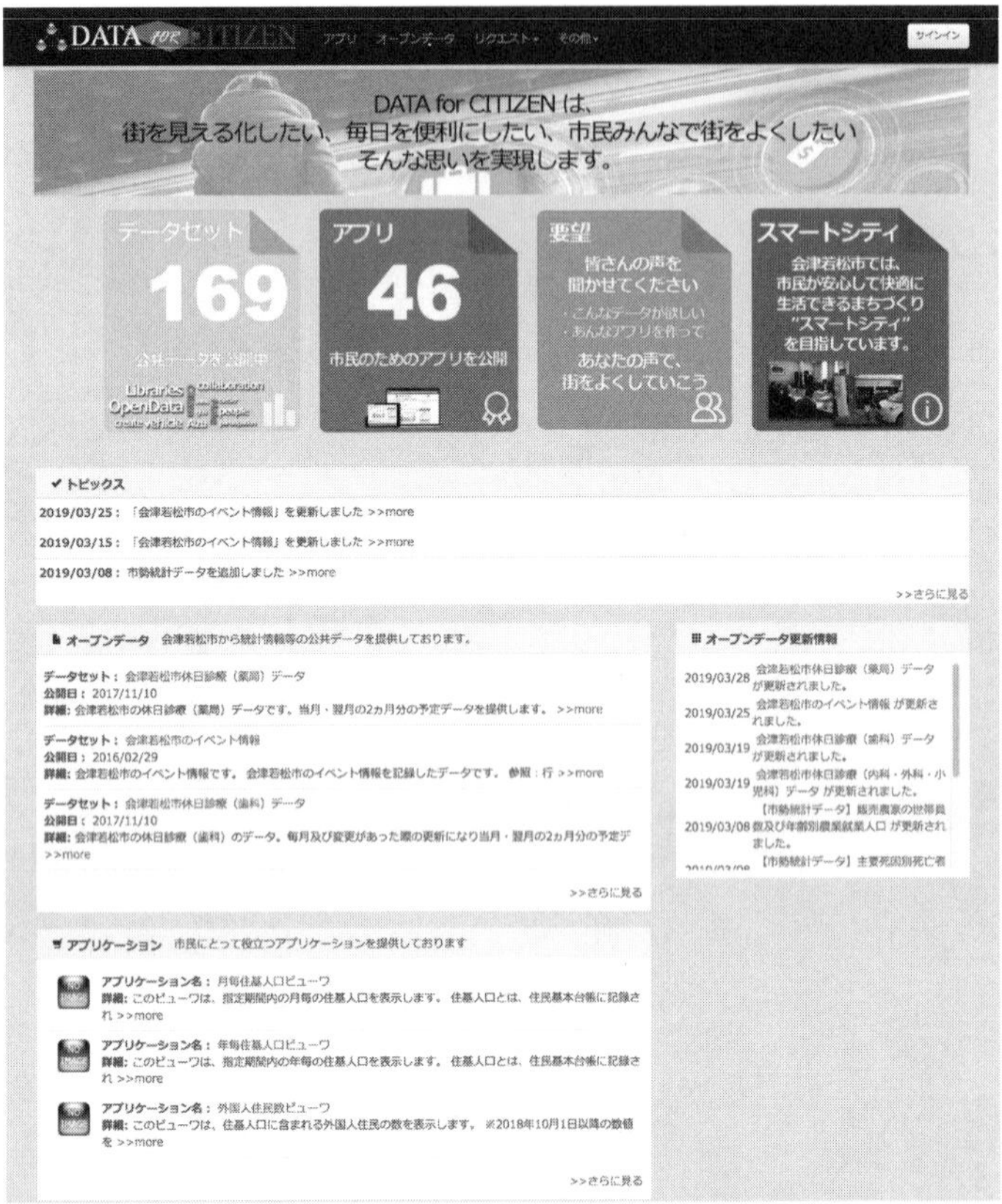

図3-2「DATA for CITIZEN」はオープンイノベーションのためのプラットフォーム

ＩＴ業界に求められるビジネスモデル変革

都市ＯＳのようなＩoＴプラットフォームを開発し、そこでサービスを提供するビジネスモデルを作っていくには、ＩＴ業界全体でビジネスモデルを変革していくことも重要になる。ＩＴ業界が変わらなければ、地域全体のデジタルシフトが実現しないからだ。このままでは、行政サービスが民間サービスに後れを取るだけでなく、地域行政における産官学民連携モデル構築の足を引っ張ることにもなりかねない。

現在も多くの自治体において、大手ＩＴベンダーによる製品提供型のシステムが稼働している。そうしたシステムの中には、消費税率など法律が一部改正されただけでも、それに対応するためのシステム変更に莫大なコストがかかるものも多い。それを「仕方がないことだ」とあきらめて運用しているのが実状だ。

グローバルな民間サービスでは日々、新しい魅力的なサービスが提供されている。にもかかわらず自治体のサービスが更新されるのは4年に1回程度。これは「製品を提供する」という考え方のもと、ＲＦＰ（提案依頼書）を基にシステムを設計・開発し、ＲＦＰどおりに不具合なく構築したシステムを引き渡した時点で完了というスタイルが主流だからだ。

一方、会津若松市の都市ＯＳではアジャイル開発モデルを採用し、機能強化や市民の要望に応じて必要なときにサービスを追加している。これまでになく新しい市民サービスを実現する都市ＯＳの開発だからこそ、ＲＦＰはそもそも存在しない。

関係者が市民として、必要とされているサービスを考え、アイデアを出し合い、討議し、プロトタイプを開発し、ユーザーインタフェースのあり方などを試行錯誤しながら新たなモデルを構築してきた。アジャイル型開発モデルになるのは当然の流れでもある。目的はシステム開発ではなく、あくまでもアウトカムとしての利用率にこだわったサービスの開発だからだ。

デジタル時代には、製品提供型からサービス提供型、つまり作業に終始するアウトプットではなく、結果にコミットするアウトカムのビジネスモデルへのシフトが必要になる。ＩＴ業界は、システム化の本質をサービスとして実現していける企業への変革を期待されている。

都市ＯＳが促進するさまざまな連携

都市ＯＳは、それ自体を構築・整備することがゴールではない。都市ＯＳ上で都市計画や産業政策などの推進をサポートし、それぞれの地域が安定した地域経営を継続的に推進できる状態にすることが目的だ。都市ＯＳには、政策決定に必要なデータやレコメンデーションデータなどがあり、連携用のＡＰＩも用意されている。

都市ＯＳの安全な運用に必要なのが、共通化・標準化された相互運用性と、ルールを関係者でシェアしながら運用できる体制である。総務省と地方自治体、民間企業が連携し、２０１７年７月に設立された「地域ＩｏＴ官民ネット」には、１００を超える自治体が集まった。地域ＩｏＴ官民ネットでは、ルールの共通化を目標の一つに掲げている。都市ＯＳ上での連携を実現し、市民のサービス利用率が増えれば、未だ根強く残る行政のレガシーシステムにも終止符を打てるだろう。

第４次産業革命が進む現代にあって、日本政府はSociety5.0を発表し、２０１９年はいわゆる「デジタルファースト法案」も審議された。世界のデジタル化のスピードに乗り遅れることなく、すべての関係者が足並みをそろえ、一気に日本のデジタルシフトを加速させる必要がある。

このタイミングで皆が覚悟を決め、「Dare to Disrupt」を貫いて、本当の意味でのデジタルシフトを実現させれば、ＧＡＦＡやＢＡＴに肩を並べられる日本版のプラットフォームも整備できるだろう。スマートシティの核である都市ＯＳは、まさにデジタル時代の地域政策オペレーティングシステムなのである。

3-3 デジタルシフトによる地方創生

七つのプロセスを7年かけて実施

復興と地方創生を成し遂げるために、私たちはセオリー通りにシナリオを決定し、丁寧にそのプロセスを実施していった。**図3-3**に示す七つのプロセスを7年かけて実施し、ようやく地方創生への展望が拓けてきた。

そのファーストステージの大きな成果が、東京から十数社、500人規模の機能移転である。それらの企業は地域の行政や産業と連携しデジタル実証を推進して地域の生産性向上を実現するだろう。そして、会津大学卒業生の受け皿になり、若者の地元就職を後押しする。生産年齢人口の地元定着に大きく貢献するだろう。

会津大学生へのアンケート結果によれば、東京への就職希望は30％、どこでも構わないが70％。ただし「最先端のワクワクする仕事ができれば」という条件がつく。実際には卒業生の80％が東京へ就職する。これは会津大学特有の課題にとどまらず、優秀な卒業生を輩出する地方大学共通の課題だ。

学生の希望と就職実態がマッチングしているとは言えず、ネットワーク社会になったこの時代でも、仕事を求めて東京に就職しているのだ。この課題を解決するには、学生が満足する企業を地方に誘致しなければならない。それが実現できれば、学

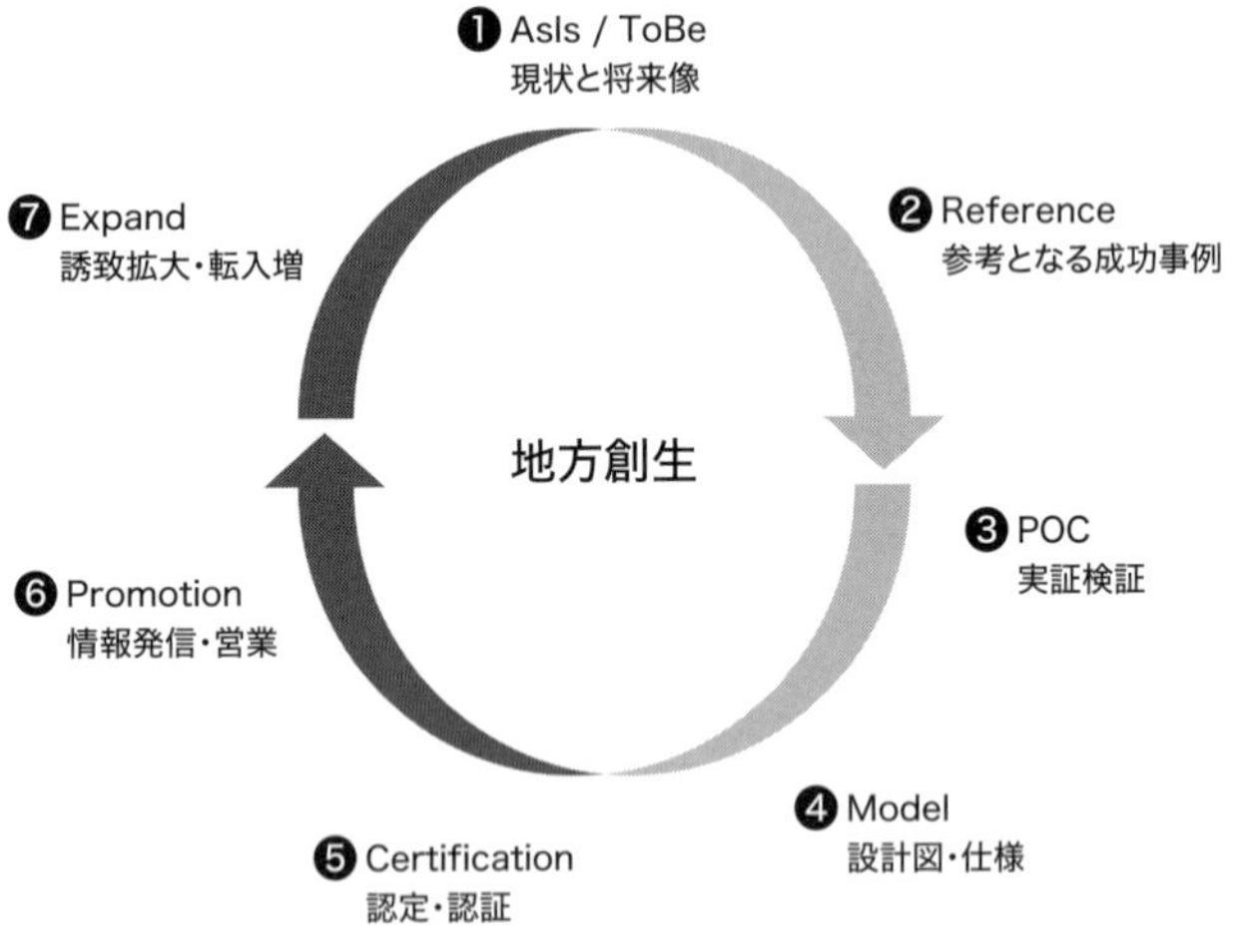

図3-3 会津若松の地方創生における7つのプロセス

生は地元（地方）へ就職し、東京一極集中問題は緩和へ向かい、地方創生へとつながっていく。そして、首都圏も過密問題から解放され、慢性的な渋滞、満員電車通勤、待機児童問題、インバウンドによるオーバーツーリズム問題も解決されるであろう。
以下では、このシナリオを実現するための七つのプロセスを説明する。

プロセスI：As Is／To Be（現状となりたい姿）

地域の現状・実態を把握し、なりたい将来像を定め、その実現のために実施しなければならないテーマを決める。現状を調査してみたところ、地域特有の課題は特になかった。しかし、超少子高齢化、医療費の拡大、社会資本の老朽化、エネルギー問題、地域産業の低生産性など、地方都市が共通に抱える課題には、ご多聞に漏れず直面していた。そして、向かわなければならない、あるべき将来像も、地方都市に共通するものだった（**図3-4**）。

この結論から、私たちは日本の人口の約1000分の1が暮らす会津若松市を〝ミニジャパン〟と見立て、日本の課題をデータ駆動型社会とデジタル技術によって解決する実証フィールドに位置付けることにした。そして、この大きなビジョンの実証事業に興味を示す企業を誘致する戦略を立てた。

1. 一極集中から機能分散へ（自律・分散・協調）
2. 少子高齢化対策としてのテレワーク推進
3. 予防医療の充実のためのPHR（健康長寿国）
4. データに基づく政策決定への移行（オープンデータ・ビッグデータ・アナリティクス）
5. 高付加価値産業誘致と起業支援
6. 観光・農業・中小製造業の戦略的強化と生産性向上
7. 再生可能エネルギーへのシフトと省エネの推進
8. 産・官・学による高度人材育成

出所：アクセンチュア

図3-4 会津若松市の現状把握から導いた将来像は、地方都市に共通するもの

プロセス2：Reference（参考となる成功事例）

では、To Be（なりたい姿）は本当に実現できるのか。そんな事例が世界のどこかにないか。私たちはグローバル企業の強みを活かし、世界中の事例を集めた。そして、デンマークとスウェーデンにまたがる「メディコンバレー」という、医療情報を集めることで産業振興策を成功させているモデルを見つけ出した（**図3-5**）。

デンマークでは、生まれるとすぐにマイナンバーが振られ、血液を採取され、DNAデータが管理される。その膨大な医療データに引き寄せられて、世界中の医療関連企業（病院・製薬企業・バイオ技術企業・学校）が集積している。現在ではデンマークとスウェーデン両国の合計GDPの20％をはじき出しているともいわれ、「EU最大の医療・健康産業クラスター」と呼ばれている（**図3-6**）。

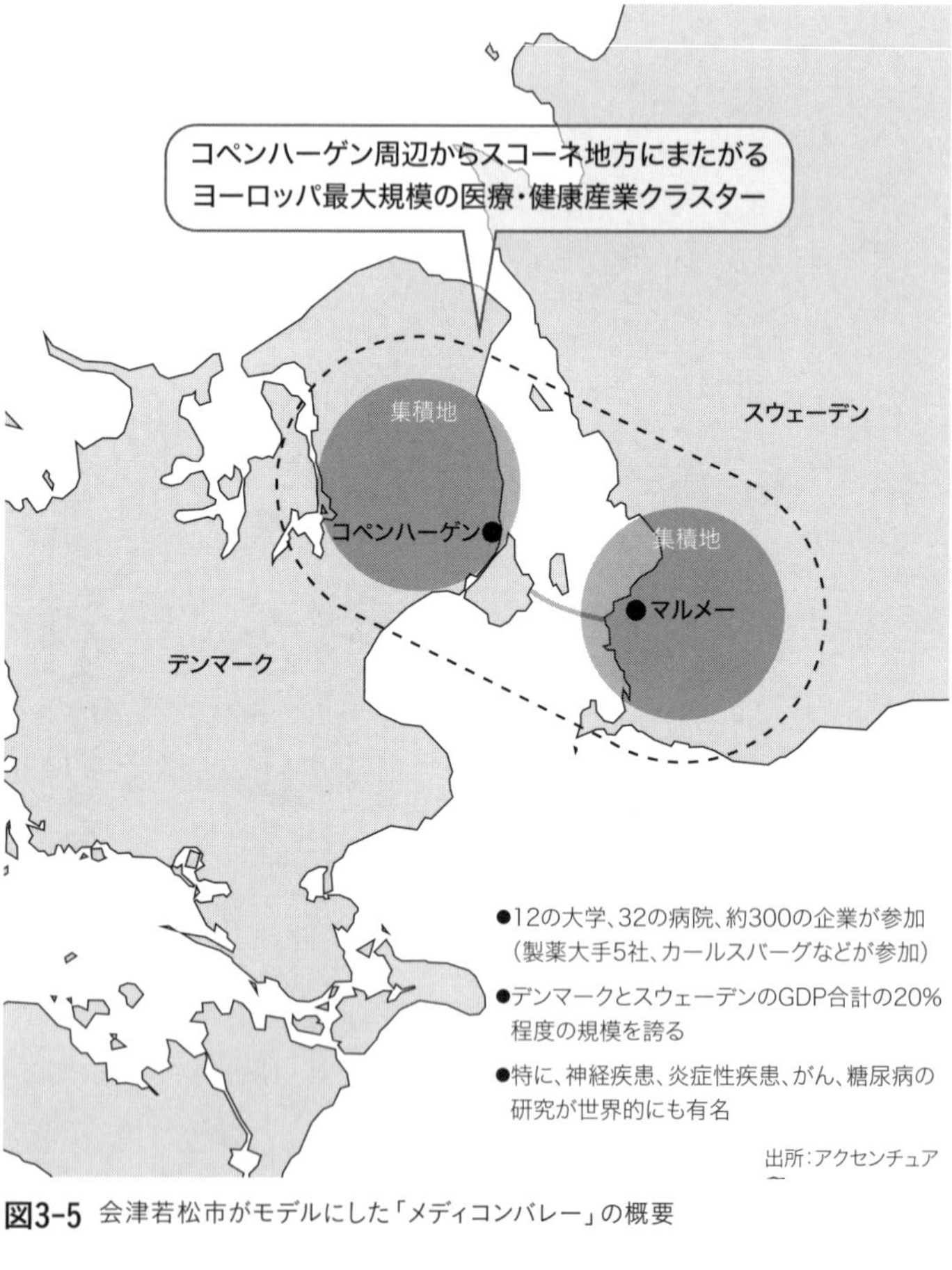

図3-5 会津若松市がモデルにした「メディコンバレー」の概要

出所：アクセンチュア

図3-6 メディコンバレーでは医療情報のオープンデータ化により イノベーションを起こしている

プロセス3：PoC（実証事業）

いよいよ実証事業である。会津若松市では2017年までの7年間で18の実証事業

（計画策定から実施まで）を実施し多くの企業が参加した。その予算は私たちが投資した案件からと、復興庁や地方創生本部、総務省、経済産業省、そして会津若松市などからの投資によって実施した（**図3-7、8、9**参照）。

出所：アクセンチュア

図3-7 アクセンチュアが2011年から支援してきたプロジェクトの会津地区での実績

出所：アクセンチュア

図3-8 アクセンチュアが2011年から支援してきたプロジェクトの中通り地区での実績

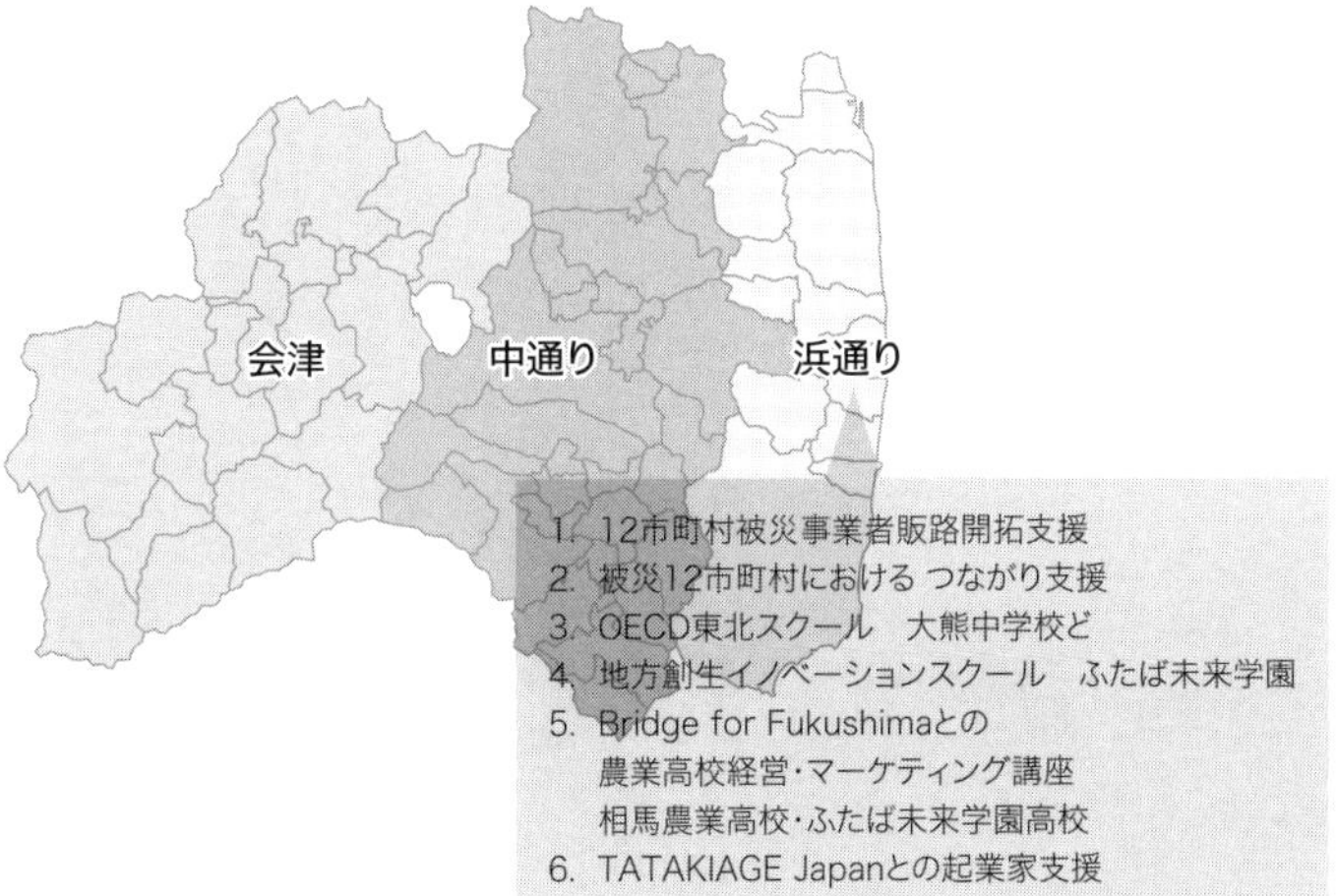

出所：アクセンチュア

図3-9 アクセンチュアが2011年から支援してきたプロジェクトの浜通り地区での実績

プロセス4：Model（設計図・仕様）

18のPoC（実証事業）から完成したモデルが**図3-10**である。下位レイヤーに「データプラットフォーム」があり、IoT機器など多くのデバイスと接続されている。

会津若松市はオープンデータを推進し、「DATA for CITIZEN」を整備したうえで、市が保有するデータを基本的に公開している。地域全体の創生につながるプロジェクトであり、多くの関係者に共有することで目指す方向や考え方を理解してもらい、重複開発を行わないなど、地域計画がモデルに沿って進行することを願ってのことである。オープンの考え方を重要視したことで、多くの企業が今もこの原則を守っている。

これらのデータを使いながら、会津大学と連携して人材育成も実施している。特に、日本に不足しているデータサイエンティストの育成をアクセンチュアが担当し、サイバーセキュリティ人材の育成はOGCメンバーであるシマンテックを中心に実施している。

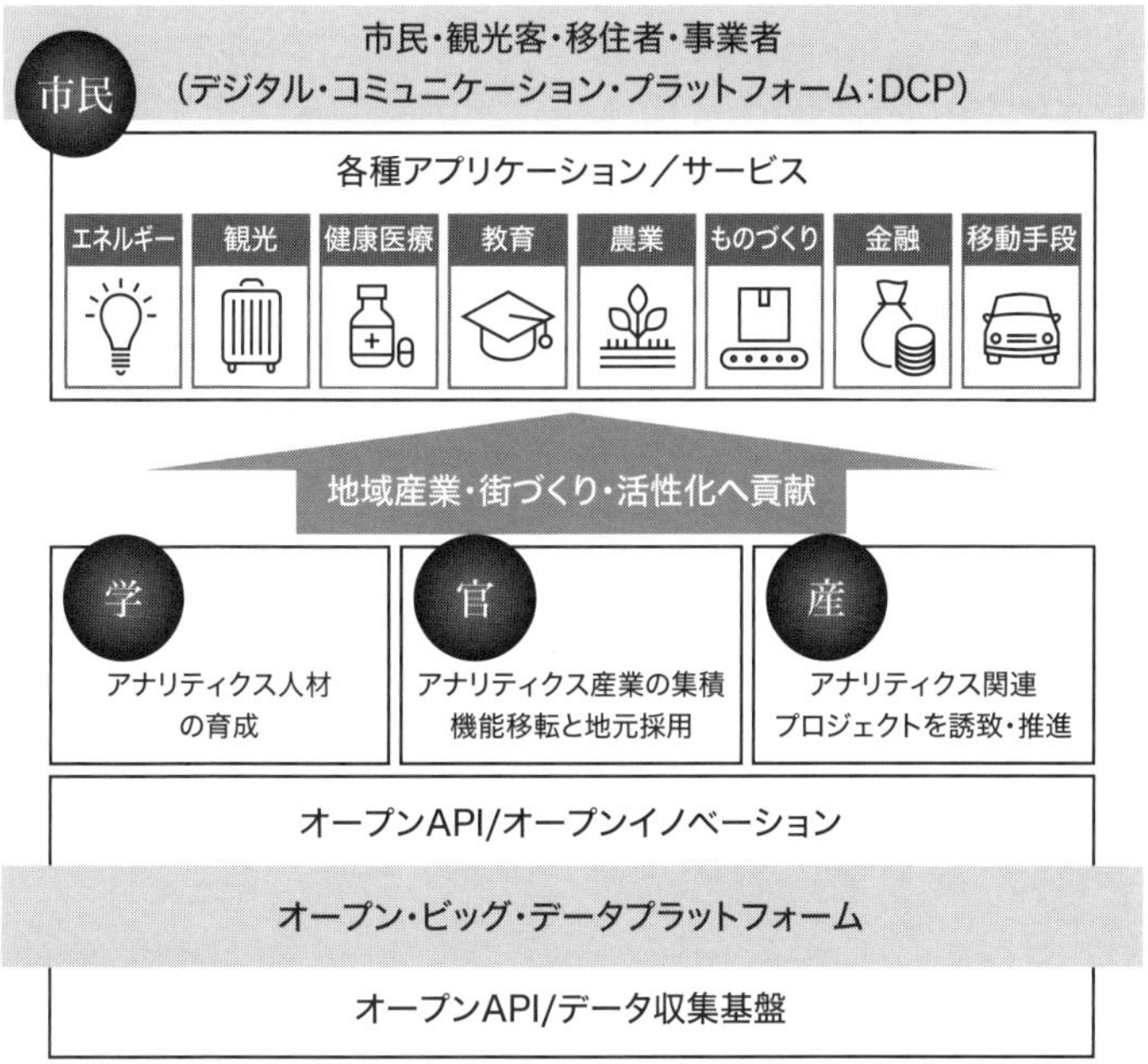

出所:アクセンチュア

図3-10 18のPoC（概念実証）から見えてきた会津若松市のモデルの概要

プロセス5：Certification（認定・認証）

プロセス1で説明したように、会津若松市のデジタルシフトプロジェクトは同市を〝ミニジャパン〟と見立て、日本の課題を解決するための実証フィールドに位置づけている。そのため、日本が目指す政策と連携するべく、2015年からは政府による認定制度の多くに申請する方針とした（**表3-1**）。各省庁から認定されている地域であればこそ、多くの参加候補企業にとって機能移転の候補地にもなるし、会津若松市の市民の理解も進むと判断したからだ。

2017年10月に米ワシントンDCで開催された、日米インターネット政策協力対話では、プロセス4の会津若松モデルを日本側のスマートシティの代表モデルとして発表した。それが2018年の総務大臣表彰へとつながっている。会津若松市は、スマートシティの先進都市として名高いオランダのアムステルダム市との提携も果たしている。

会津大学も年々、日本版大学ランキングで上位を占めるようになった。入試倍率も2018年度は約7倍である。日本政府がデジタル化のモデルとして連携しているエ

表3-1 積極的な申請により会津若松市などが取得した認定や受賞の例

時期	主体者	認定・表彰など
2015年	会津若松市・会津大学・アクセンチュア	地域活性化モデルケース認定
2016年	会津若松市・アクセンチュア	経産省地方版IoT推進ラボ認定
2017年	会津若松市発起人、IT連盟・OGC発起人	総務省「地方官民ネット100自治体」
	アクセンチュア	総務省優良事例展開推奨モデル「デジタル・シチズン・プラットフォーム」
	日本政府	日米インターネット政策協力対話(両国大臣間)にて、日本側から会津モデルを提唱
2018年	会津若松市・アクセンチュア	Impress DX Awards 2017プロジェクト部門準グランプリ受賞
	会津若松市	全国地域情報化推進協会・顧問に会津若松市長が就任
	会津若松市・アクセンチュア	総務大臣表彰（スマートシティ推進・ICT産業集積・人材育成貢献）

表3-2 会津大学のグローバルでの評価と連携

グローバル評価
・「スーパーグローバル」の37校に採択
・イギリスの教育専門誌『Times Higher Education』による「THE世界大学ランキング2019」の日本版で14位
・セキュリティ関連ハッカソンで常に上位 （サイバーセキュリティ／アナリティクス人材の育成強化）
グローバル連携
・オランダのアムステルダム市とスマートシティ分野で提携
・エストニアのタリン工科大学とソーシャルサイエンス分野で提携

ストニアのタリン工科大学と提携し、ソーシャルサイエンス分野の強化にもつながっている（**表3-2**）。最新の英国「Times Higher Education大学ランキング」では国内で14位にランクインした。外国人教員も40％と高く、スーパーグローバル大学認定など国際性が高く評価されている。

プロセス6：Promotion（情報発信・営業）

会津のデジタル変革に向けたプロジェクトには、どのような意義があり、いかに先進的でチャレンジャブルであるか。このことをデジタルを推進している多くの方々に知ってもらい、会津若松市への実証事業の持ち込みや機能移転や進出を検討してほしいと考えている。そして、2019年4月に開所したICTビル「スマートシティAiCT（アイクト）」は、その情報発信拠点になる。

プロセス7：Expand（誘致拡大・転入増）

プロセス1〜7を7年間かけてアジャイル的に繰り返してきた。この間多くの企業がプロジェクトに参画し、多くの政府関係者も視察に訪れた。現在では、月に5団体程度の視察があり、プロジェクトの全貌を説明する機会も増えている。

地方創生は簡単には進まないが、その地域の特色を活かし、人々のモチベーションを高めるプロジェクトを起こすことで、人も企業も動く可能性が高まる。実際、アクセンチュアの若手には、会津若松市のデジタルシフトに関わることと、ＱｏＬ(Quality of Life：生活の質）を追求するために、会津若松市を勤務地として選定する社員も少なくない。

地方創生は、地域の生産年齢人口の減少に歯止めをかけることで、土地代も下げ止まり、上昇することで成就する。会津若松市はこの巡回に入り始めた。私たちは、ＩＣＴ専門大学である会津大学が立地していることを最大限に活かし、デジタル企業の集積を実現することで、地方創生を成し遂げたいと考えている。

3-4

デジタルシフトをやり抜くための四つの条件

本気でデジタルシフトを進めていくには、それまでの常識を捨て、デジタル社会を前提とした概念で新たな計画を立案し、既存環境と切り離した新たな実施体制を整備する必要がある。その際、いったん〝あるべき論〟の追及に集中するべきだ。なぜなら、既得権益は身の回りにも、自分の中にも既成概念として蔓延している。それは大きな壁となり、プロジェクト推進を妨げることになりかねないからだ。

デジタルシフトへの取り組みは、これまでの時代を大きく変革するものであり、そのゴールは〝デジタルを使いこなした人間中心の社会〟であることを十分に認識することから始まる。本章の最後に、デジタルシフトをやり抜くために必要な四つの条件を整理する。

条件１：デジタル社会の青写真とビッグデータを整備する

デジタルシフト推進で最初に必要となるのが、青写真（ブループリント）を描くことだ。ビッグデータをベースにしたデータ駆動型の社会をデザインし、その実現に必要なビッグデータは何か、それをどう収集していくかを明らかにしなければならない。データは、自治体が保有するものだけでなく、市民からも提供を受ける。それらデータを街づくりに活用するには、市民の理解と了解を得る必要がある（オプトイン）。市民にデータ活用のメリットを実感してもらうことで、データ提供への理解を広げてきたのである。それは、スマートシティを持続的に展開していくには、意義のある〝ディープデータ〟を集めることが重要だからだ。

ビッグデータに基づく政策を決定する際、一番の課題はデータの精度である。データが誤っていれば、その集合であるビッグデータに意味はなく、データ分析の結果もまったく間違った方向性を示すことになる。とはいえ、多種多様な分野のデータをつなげて活用しようというのは新しい取り組みだ。誤入力やデータの整合性など、誤りがどこで発生するのかを理解したうえで、正確なデータを取得することが最も重要になる。

データの取得段階にIoTやAI（人工知能）、RPA（ロボティック・プロセス・オートメーション）といった技術やツールを活用すれば、人の手を介さないことによってヒューマンエラーを避け、正確なデータを自動的に取得・提供できる。アクセンチュアは多くの種類のAIから、その特性を活かしたAIを組み合わせて利用する仕組み「AI-HUB」を提供している。データ収集の場面でも、これを活用することで、より正確なディープデータが得られるようになる。

こうして集めたデータは異なる産業をつなぐ〝共通言語〟になり得る。データプラットフォームを整備することで、地域において異なる分野でのデータ活用が実現するのだ。

従来ならば、エネルギー消費データはエネルギー会社が所有し、医療データは病院が管理していた。インバウンドの旅行客のデータは旅行代理店が新しい旅行商品を作るためだけに活用してきた。これらのデータを横串でつなぐスマートシティプラットフォームは、街がこれまでに経験のないデータ駆動型になるための環境になるだろう。官民共同でデータ連携を進めることが、新たな街づくりの政策策定へとつながっていくのである。

条件2：予算をデジタルシフトさせる

図3-11は、予算のデジタルシフトの概念である。最下段が一般会計、最上段が実証事業だ。地方創生では、実証事業に対して政府から補助金が交付される。だが、実証事業の多くは補助金が終わると中断し、実装されない。これは、予算編成が既存サービスを使うという前提のままで、実証実験したデジタルサービスを実装するための予算を組み入れていないからである。

実証実験したデジタルサービスを実装するには、実証事業の成果から実装への見込みが見えてきた段階で、既存サービスに費やしていた予算をデジタルサービス向けにシフトさせていくことが重要だ。既存予算のなかで何をデジタルシフトさせるか。どうすればシフトさせられるか。予算上のデジタルシフト計画を併せて策定しておくことで、実証事業後に実装へ切り替えられるようになる。

コストの観点からいえば、既存サービスと新たなデジタルサービスを長期間併存させることは望ましくない。多くの場合、既存サービスを終了させ、既存サービスのための既存システムはデジタル化の際に大幅に見直されることになる。

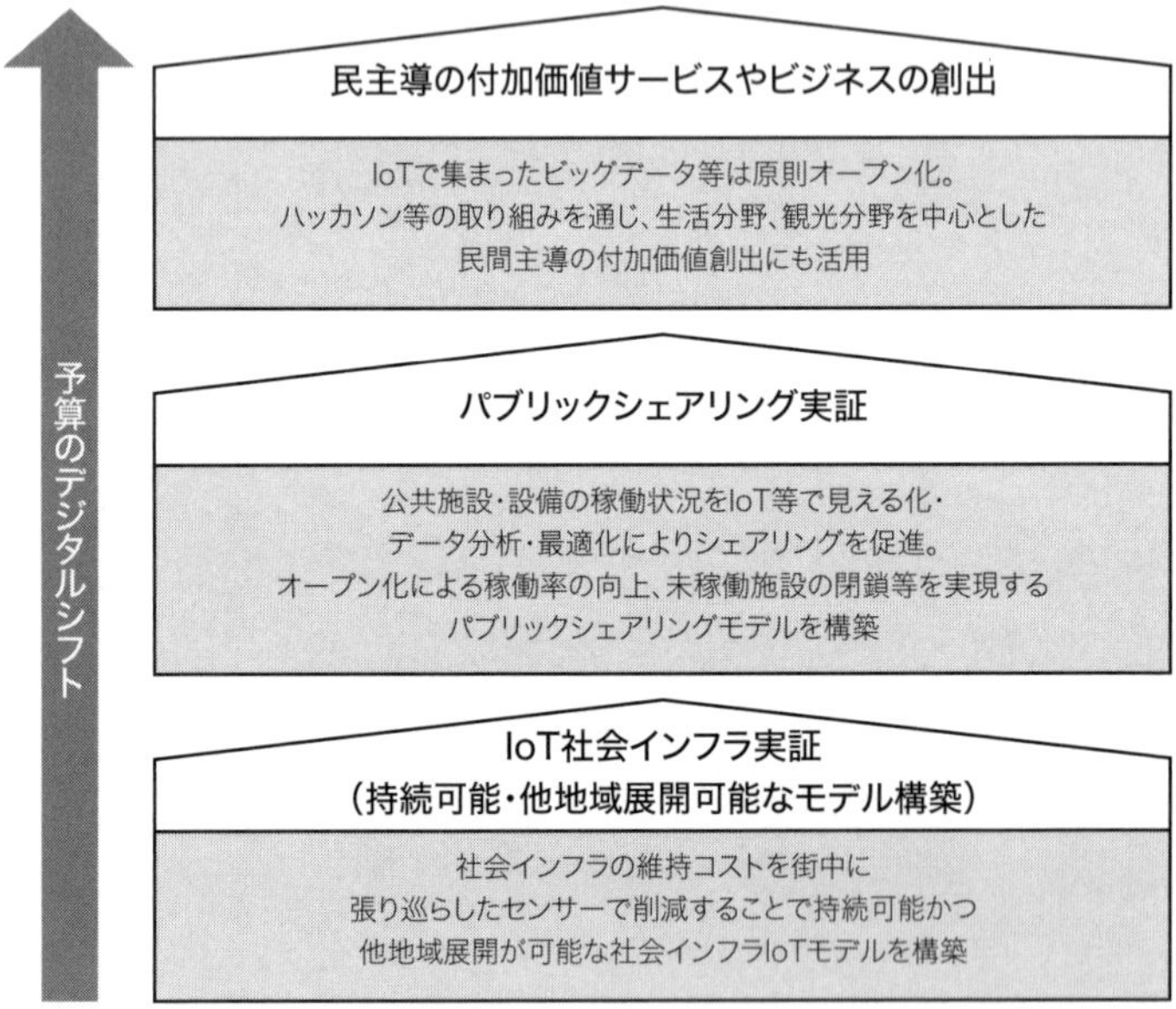

予算のデジタルシフト
民主導の付加価値サービスやビジネスの創出
IoTで集まったビッグデータ等は原則オープン化。
ハッカソン等の取り組みを通じ、生活分野、観光分野を中心とした
民間主導の付加価値創出にも活用
パブリックシェアリング実証
公共施設・設備の稼働状況をIoT等で見える化・
データ分析・最適化によりシェアリングを促進。
オープン化による稼働率の向上、未稼働施設の閉鎖等を実現する
パブリックシェアリングモデルを構築
IoT社会インフラ実証
(持続可能・他地域展開可能なモデル構築)
社会インフラの維持コストを街中に
張り巡らしたセンサーで削減することで持続可能かつ
他地域展開が可能な社会インフラIoTモデルを構築

出所:アクセンチュア

図3-11 予算のデジタルシフトの概念

条件3：デジタルデバイドを解消する

デジタルシフトに対しては、「若者にはなじみやすいかもしれないが、地方や高齢者などが置き去りになるのではないか」という声が聞かれる。いわゆるデジタルデバイド問題である。だが、「デジタルこそが超高齢社会、東京一極集中による課題解決の一手となる」ことを強調したい。

1章で触れたように、日本はエストニアを参考にデジタル化を推進している。そのエストニアがデジタルシフトしたのは、体が不自由となった移動に課題がある高齢者と遠方の地方在住者に投票の機会を平等に与えるためだった。つまり、高齢者対策、地方対策だったのだ。

では、日本ではどうだろうか。たとえば、地方での生活に必須ともいえる自動車による移動でいえば、高齢運転者による死亡事故件数の割合が右肩上がりに増えていることから（内閣府『平成29年交通安全白書』）、高齢者の免許返納が推進されている。その結果、高齢者は移動手段を奪われはじめているという現実がある。都市部ならば公共交通で代替できるかもしれないが、地方では採算性の問題からバスや電車の運行本数の削減や路線の廃止が進んでおり、行政はタクシーチケットを配布して、この問題に対応しているが、恒久対応とすると予算が膨らんでいくことが想定される。

そう考えると、自動運転車やオンデマンド型の自動運転バスなどは地方にこそニーズがあるといえよう。実際福島県では、会津大学の卒業生が立ち上げたベンチャー企業である会津ラボが、福島県浪江町で自動運転による巡回交通サービスの実証実験を実施している。自動運転車両の各種センサー類からのデータや3次元マップなどを共通利用できるプラットフォームを開発し、福島トヨペットとの協業により、ドライバーが介入できる状態での自動運転である「レベル3」による走行を公道で検証しているのだ。

「デジタルは都会の若者のモノ」という事実と異なる認識を改め、高齢者や地方在住者こそがデジタルのメリットを享受できるとの理解に立ち、いかにデジタルデバイドを克服するかに注力すべきだろう。会津若松モデルでは、地元の携帯ショップが高齢者にスマートフォンやタブレットの使い方を教えるなど、地元企業と連携してデジタルデバイド解消に積極的に取り組んでいる。

条件4：法律をデジタルシフトさせる

日本の行政システムのデジタルシフトは、2001年に初めて施行されたIT基本法以来、2009年に霞が関クラウド・自治体クラウドの計画が立てられ、行政情報システムの統合化・集約化、そして効率化・低コスト化が図られてきた。さらに、2016年にはサイバーセキュリティ基本法、2017年には官民データ活用推進法が施行され、データ駆動型の準備が整ってきた。

ただ、これまでのIT関連法案は基本法であったため、ガイドラインの域を越えず、必ずしも業界全体で十分に取り組みが進んでこなかった。

2019年、「デジタルファースト法案」が成立すれば「デジタルファースト（オンライン利用前提）」「ワンスオンリー（重複する情報提供の回避）」「コネクテッドワンストップ（行政サービスと民間の融合）」のもと、行政サービスのクラウド化が徹底的に推し進められるだろう。

法体系もデジタルシフトしていかなければならない。これまで、一部の規制を緩和するために、ドローン特区など特定の地域を認定する制度が整備されてきたものの、法律は基本的に監督官庁ごとに縦割りだった。今後、デジタル社会全体に対応できるよう、法体系を見直していく必要がある。

一方、デジタルシフトすることで、これまでなかったリスクが起こる可能性もある。たとえば、データ連携などを前提としたとき、提供者の許可を取った（オプトイン）データにおいて、活用範囲に関するデータ提供者と活用者の認識に齟齬が出るかもしれない。法体系でも、そのようなリスクの可能性を検討されるべきだろう。

地域主導のスマートシティプラットフォームが地域と共に発展し、サービス対象地域が日本全体へ拡大し、今後の日本のデジタルシフトモデルを完成させるための取り組みは、これからが本番である。

3-5

スマートシティに不可欠なデジタル人材育成

『会津復興・創生8策』では、産官学による高度ＩＴ人材育成を掲げている。ここでいう高度ＩＴ人材とは、アナリティクス人材やソーシャルサイエンス分野など、データを分析し、戦略に活かすためのＳＴＥＭ人材のことである。ＳＴＥＭは、「科学（Science）」「技術（Technology）」「工学（Engineering）」「数学（Mathematics）」という4分野の頭文字を取った造語で、国内で25万人が不足しているとされる。

そこで私たちは、さまざまな場面でＳＴＥＭ人材の育成に取り組んでいる。それは、次世代のＩＴ人材とは「ＳＴＥＭスキルを活用し、ビジネスや地域社会などにイノベーションを起こす人材」と考えるからだ。すなわち、理工系の専門事業内に閉じることなく、社会課題や顧客ニーズを本質的にとらえたうえで水平横断的に物事をつなげ、自主性や実行力といった課題解決力、およびコミュニケーション力をも兼ね備えた人材である。

会津若松モデルは、データを活用した企業戦略の策定や新サービス開発、市民へのデジタルサービスの提供などの実現を目指している。だが、人材がいなければ、いくらIoT環境を整備し、データを収集してビッグデータ化しても、新たな価値は創造できない。

また、国内にアナリティクス人材が不足しているからとはいえ、重要な経営資源を扱う人材を海外に頼りたくはない。そこで、私たちは国内に新たな人材育成拠点を構築しようと考えた。

大学生を対象としたアナリティクス人材育成

私たちは会津大学と協調し、大学生を対象としたアナリティクス人材育成に取り組んでいる。会津大学と私たちは次の2つの方向性で合意し、2012年4月にアナリティクス人材の育成講座をアクセンチュアの冠講座としてスタートさせた。

①これまでの教育に加え、ソーシャルサイエンス、特にデータサイエンス分野を加え

ることで、デジタル時代に求められる人材を育成できるようになる

②STEM人材の育成が今後重要になる

当初は、10人程度のゼミを週1回90分の講座として実施した。2013年からは、3年生以上の約240人を対象にした講座も開始し、デジタル社会を想定した概論を提供した。2014年には、ソーシャルサイエンス分野では世界で最先端といわれるエストニアのタリン工科大学を紹介し、連携を開始した。

その講座には、会津地域の天気データや交通事故マップといった外部のデータソース、会津若松+やIoTデバイスから収集・蓄積されたデータ、公用車位置データといった会津若松スマートシティが持つオープンデータが使われている（**図3-12**）。生のデータを使って分析することで、より実践的な内容を学べるというわけだ。

日本政府は近年、経済産業省を中心に地域未来投資政策をまとめた。その狙いは「地域が自律的に発展していくために、地域の強みを生かしながら、将来成長が期待できる分野での需要を域内に取り組むことによって、地域の成長発展の基盤を整えることを目指す」ことだ。地域を牽引する、中核となる分野の企業や機能を東京から移

転させ、デジタルを活用し、地域の誰もがアクセスできる基盤を整え、個の基盤を活用し、そこに参画する企業や市民を広げていくことが肝要だと考えている。

会津若松市の場合、その中核になる要素がデジタルであり、データであり、ＡＩを使いこなせるアナリティクス人材である。高い付加価値を生み出すアナリティクス人材の宝庫になることで「ディープ・データバレー」が完成し、新たな産業政策は成就し、機能分散モデルが成功を納めることになるだろう。

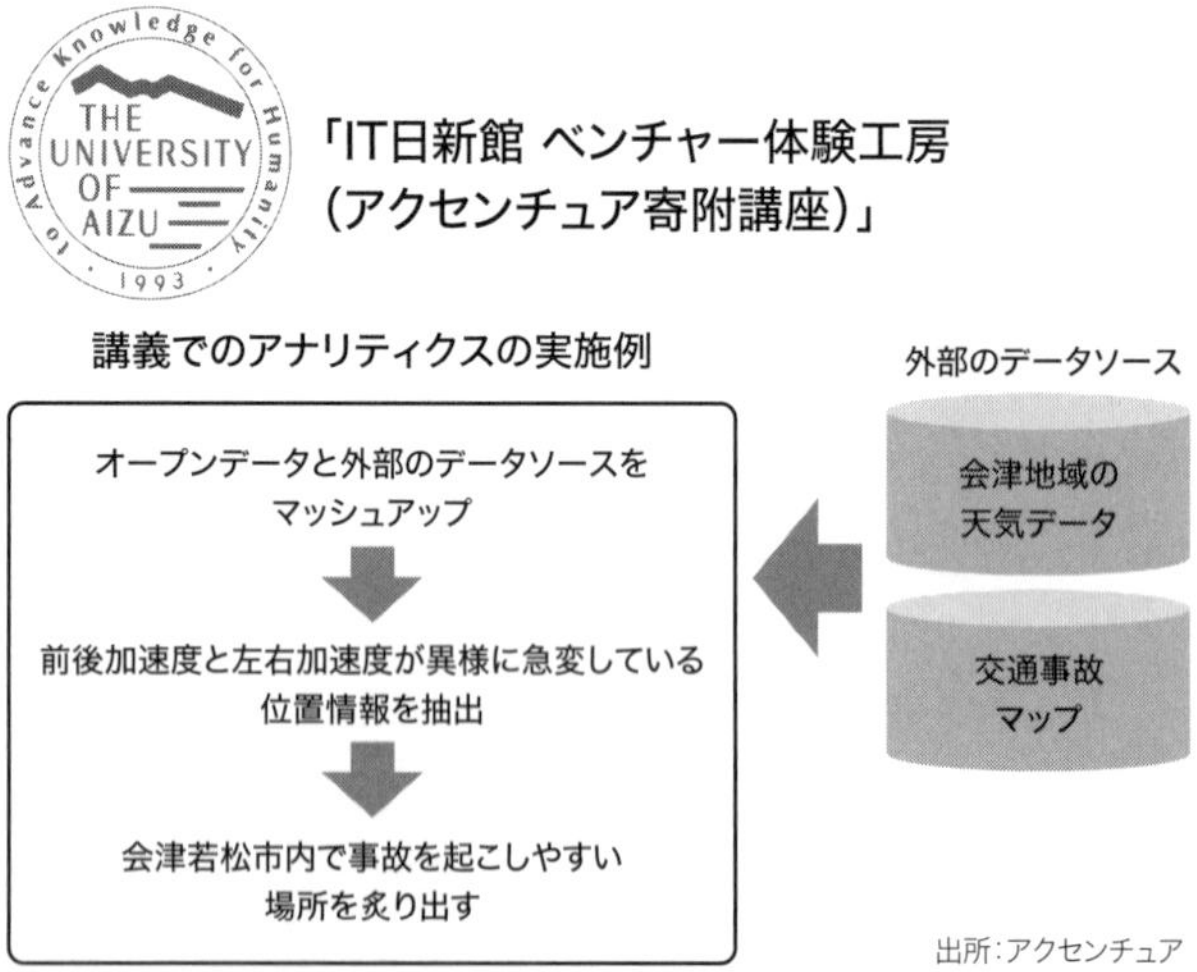

図3-12 産学官連携による実践的なアナリティクス人材の育成講座

3-6 地域の商品・サービスの価値を上げる施策

地方の生産者や事業者の利益を改善する「地域商社連携モデル」

現在では、ECの普及により、大手プラットフォーマーなどの決済・物流プラットフォームを通じて購買活動をする人も多い。ともすれば地域の小売店で商品を購入するよりも安く上がる場合もあるので、娯楽系商品、生鮮品や日用品までもECで購入する人もいる。

大手の決済・物流プラットフォームが取り仕切る一極集中のECモデルは、消費者側からするととても便利だ。安いし、都市部なら注文したものを当日届けてももらえる。しかし、出店料や成功報酬・決済などの手数料が高く、出店している生産者側はなかなか利益が出ない。競合も多く、お店も商品を選んでもらうことも大変だ。

地方の観光業もなかなか厳しい。たとえば会津の旅館に旅行予約サイトから予約が入った場合、出店料・成功報酬・決済手数料などの名目で20％程度の手数料を取られているケースもある。

自社でプロモーションできない以上、有名サイトに頼らざるを得ないのが現状だが、地方の生産者や事業者の利益改善は、地方創生の必須事項だ。そこで私たちが考えたのが、前述したデジタルＤＭＯに機能追加する地域商社サービスやワンストップの予約決済サービスである。

地域商社連携モデルでは、スマートシティ会津に地域商社サービス業務を追加し、スマートシティプラットフォームを共通で使用しているサービスエリア同士で実現する。

私たちは、三重県の地域商社と連携してモデル実証を計画している。模擬実証としてアワビを〝三方善し〟で取引する実験だ。

このアワビは２０１６年の伊勢志摩サミットでメインディッシュとして提供された食材である。これを東京で食べようとすると、１万５０００円くらいはするだろう。実証では、会津の旅館で直接仕入れ、スマートシティプロジェクト参加市民に旅館で炭焼きにして提供する。仕入金額は、一つ２０００〜３０００円程度の見積もりだったものを5000円で買い、それを仕入れた旅館で私たちは1万円で食べた。
この場合、生産者はこれまで以上に高値で販売でき、旅館は50％の粗利が確保され、消費者は従来より安く食べられる。まさに、三方善しが成立するのである。このような例が、私たちが考える地域商社モデルだ。

スマートシティプロジェクトの中に地域商社連携モデルを取り入れた理由は、三方善しを実現できる条件が整っているからだ。スマートシティに参加している市民は、オプトインでデータを提供しているので、現在のECサイトのように不特定多数へプロモーションする必要がなく、明確なターゲットに商品を紹介できる。プロモーションコストがほとんどかからないことや、運営は利益追求を目的にしていないローカルガバメント法人が担うことを想定することで、、地域商社サービスプラットフォームの運営コストも安く済む。そして、出店手数料全体を下げられる結果、地域企業の経常利益が改善されるのである。

今後は、会津で実証したスマートシティプラットフォームを共通で利用する地域を多く増やしていく。参加地域同士が連携することで、利益追求の企業プラットフォームではなく地域を活性化させる地域プラットフォームモデルへのシフトも始まるだろう。デジタルシフトによる地方創生は次の段階へと進んでいく。

CHAPTER 4

世界に見る SmartCityの潮流

4-1

「SmartCity」は環境問題やエネルギー産業の振興から誕生した

「SmartCity（スマートシティ）」という言葉は2000年頃から使われていた言葉である。その定義は広く、それぞれの立場や狙いから、さまざまな意味で使われてきた。欧州では地球温暖化対策の文脈でスマートシティが発信されていることが多い。米国ではオバマ大統領時代に「グリーンニューディール政策」の一部として、電力網の再編に着目した「スマートグリッド」というキーワードの下にスマートシティの取り組みがなされてきた。

日本では2005年に開かれた愛知万博での政府館において、エネルギーを自然エネルギー100％で賄う実証や、2010年から始まった経済産業省の補助事業「次世代エネルギー・社会システム実証」として実施された、横浜市、愛知県豊田市、京都府けいはんな学研都市、北九州市の4地域での実証が、そのスタートラインとして有名である。

たとえば、横浜市における「横浜スマートシティ・プロジェクト（YSCP）」は、東芝、パナソニック、日産自動車、明電舎、東京電力、東京ガス、アクセンチュアなど34社が横浜市と連携して実施した一大プロジェクトだ。既存の市街地に地域単位でエネルギーを管理する「地域エネルギーマネジメントシステム（CEMS：Community Energy Management System）」を導入し、家庭や、ビル、工場、自動車など、エネルギーの利用場所と企業を横断で連携し、地域としてのエネルギーマネジメントを主に技術的な観点から実証した。狭義のエネルギー産業ではなく、利用シーンも合わせた広義のエネルギー産業の振興で成果を挙げた。それぞれの国・地域で取り組んできたスマートシティは、実証としては成果を出し、今でも、その成果は所々で活かされている。

一方、環境問題やエネルギー産業の振興を主なターゲットとした取り組みは、マネタイズモデル（スマート化するために必要な投資原資を獲得するモデル）の確立に時間を要した結果、世界各国に「スマートシティがいくつも完成した」というスピード感では進まなかった。特に日本では、「コンパクトシティ」というコンセプトがもてはやされるようになり、「スマートシティ」という言葉自体を聞く機会そのものが、やや減った時期すらあった。

そのスマートシティが、ここ数年改めて注目され始めたのは、環境改善やエネルギー産業の振興だけでなく、自動運転やロボットなどに代表される産業技術やIoT（モノのインターネット）の進展を背景に、「幅広い領域でのスマート化」による〝市民生活の質（QoL：Quality of life）〟の向上や、それに伴うイノベーションの創発による経済的な成長に期待が高まってきたためである。

4-2 データ駆動型スマートシティの価値向上とマネタイズモデル

前述したように、現在のスマートシティは環境改善だけでなく、スマート化によるQoLの向上と経済的な成長を同時に目指す取り組みだ。このように開発コンセプトが変化した背景には、デジタル技術の進化がある。

現在、私たちが暮らしている世界には、ネットワーク網が張り巡らされ、あらゆる空間でデータが収集・蓄積されている。公共空間であれば各所に防犯カメラや交通カメラが設置され、常にデータを収集している。駅やバスなどの交通機関では、交通系ICカードのデータも利用される。自治体には住民情報や医療情報など、膨大なデータが蓄積されている。

プライベート空間でも、たとえばオンラインバンキングからはお金の流れが、オンラインショッピングの購買データからは、個々人の趣味・嗜好に関するデータが収集される。急速に普及しているＡＩ（人工知能）ロボットやスマートスピーカーといったネットワーク対応のデジタル家電のデータからは、暮らしの需要をより詳細に分析できる。つまり、従来は収集できなかったデータがデジタルによって収集・蓄積できるようになり、リアルタイムで状況を把握し、より深層的なニーズを把握できるようになったのだ。

そうしたデジタルテクノロジーを活用して、スマートシティはデータエコシステムを構築するようになり、その都市に特化したサービスや特定の個人にパーソナライズされたサービスを提供するようになった。言い換えれば、顧客目線に立った「生活そのもの」を提供できるようになったのである。

このことがスマートシティの目的が、ＱｏＬの向上を目指せるようになった背景である。また、企業がそこからマネタイズできるようになったことが、スマートシティブームを再燃させた大きな要因だと言えよう。2章と3章で紹介した会津若松スマートシティも、基本的なコンセプトは全く同じだ。データを活用することで、従来ならトレードオフになっていた社会的課題の解決と経済発展を両立させ、持続的な街づくりを可能にしている。その特徴には、次のようなものがある。

- 街の構造・仕組み：街に実装するサービスを起点とした街のコンセプトと構造デザイン
- 住民・拠点企業のポートフォリオ：一定の消費性向、事業性向を持つセグメントの選択的取り込み
- 住民の行動：数値目標や啓発による価値観レベルでの行動変容
- データ：公共空間のセンシングデータ（画像・事故/渋滞・事件・混雑など）
- 受益・負担モデル：管理費やサービス別料金の継続的な課金（利用者ごとの課金）
- パートナーシップ：事業内容への関与・共同企画
- マーケティング・ブランディング：定常的な住民マーケティング/ニーズ抽出＋○○シティとしての国内外でのブランド確立
- 行政連携：政策連携による税制/土地利用条件/補助金獲得（特区・規制緩和・制度活用など）

もう少し詳しく見ていこう。ここでは「提供価値」「プレーヤー」「マネタイズモデル」の三つに分けて、デジタル化によりスマートシティが、どのように変化するかを確認していく。なお便宜的に、従来のスマートシティを「従来型」、地域レベルの高

度なデータ活用を前提とするスマートシティを「データ駆動型」とする。

提供価値

従来型スマートシティでは、全戸にソーラーパネルを設置することで地球環境に優しいエネルギーシステムを構築したり、生活よりのサービスであれば、安全・安心に暮らせるセキュリティシステムを取り付けたりしてきた。企業が提供する最新技術によって住民に共通するニーズを満たす物理的に高品質な空間と、それを維持する高品質なサービスの提供を目指していた。しかし、こうした快適な空間・サービスが提供されても、肝心の住民の行動が変容しなければ、地域単位が必要とするような大きな成果は得られない。

一方、データ駆動型では、地域単位のディープデータを活用することでパーソナライズした空間やサービスを提供でき、結果として、住民の行動が変容する可能性が高まる。たとえば、自分と同じ環境に住んでいる人と電気の使用量を比較し、その結果がリアルタイムに見える化されれば、節電行動を起こしたり、自分のヘルスケアデータを見て食生活に気をつけたりするようになる。それにより「電気料金が下がる」

「健康的な生活を手に入れる」など個人の生活の質が向上する。

プレーヤー

従来型は、実際の街づくりを担うデベロッパーを中心に、ビジョン策定から開発、運営までが実施される。新しい土地であっても、自治体とのやり取りの中で利用用途に制限があり、その時代の住民の生活スタイルを前提とした取り組みになることが大半だった。

一方、データ駆動型ではデベロッパーなど都市開発の既存プレーヤーだけでなく、異業種からの新規参入がある。カナダ・トロントで現在進行中の取り組みが、その代表例の一つである。ビジョン策定を米グーグルのグループ会社であるSidewalk Labsが担当し、将来普及する技術や生活スタイルを前提とした街づくりに取り組んでいる。データ活用を前提にしていることから、特にグローバルＩＴ企業の存在が大きくなっている。

また、データ駆動型ではパーソナライズされた住民サービスの提供がスマートシティの付加価値を高めることから、住民もそれらのサービスを積極的に利用し、コミュニティも活発になる。

マネタイズモデル

「マネタイズモデル」とは、どこから収益を得るかである。これには次の四つのモデルがある。

①不動産のバリューアップ：スマートシティ化を通じて、不動産としての価値を向上させ、不動産売却額・賃借料を高める

②スマートサービスを提供することによる収益：スマートサービスを自社または共同出資などで提供し、住民・企業などからサービスフィーを得る

③技術・サービスのテストベッド活用による事業創出：街そのものをリアルな実証実験を通じた事業創出の場とし、事業投資を絡めることでキャピタルゲインを得る

④データ販売・広告・トランザクションフィー：住民・立地企業とサービサーをつなぐ役割を果たし、データ活用・エコシステム形成による収益を得る

従来型は主に①「不動産のバリューアップ」のマネタイズモデルによって採算性を検討し、スマート化にかかる投資を検討してきた。

このモデルでは不動産購入者にとって金銭換算できる明確な価値向上が必要だ。また、ランニングコストをどのようにまかなうのかという難しい課題もあり、スマートシティが普及しない最大の理由になっていた。これに対しデータ駆動型では①に加え、将来価値を高めることになる②〜④のいずれか、あるいは三つすべてを対象に検討できる。具体的には、「価値提供」で述べた生活の質向上を①②で住民など受益者に直接課金しながら、地域の価値や蓄積したデータの価値を③④で企業などに提供し、そこから収益を得られるため、取り組みが進む。

たとえば、4-3節で紹介する神奈川県藤沢市にある「藤沢サスティナブル・スマートタウン」の住宅は、街が備えたさまざまな仕組みと設備から住民が得られる快適さゆえに周辺地域の戸建て住宅よりも高い価格で販売されている。街全体のセキュリティやシェアリングサービスといったスマートサービスの対価として、管理費をランニングコストとして徴収でき、多くの企業が、さまざまなサービスの提供に関心を持つなど、大きな成功例となっている。

従来型の街づくりでは、前項の②〜④によるマネタイズが難しかった。その理由は、費用負担をしてまで先進的なスマートサービスの提供を望まない住民が一定数存在するからである。単純にスマートサービスを使いたくない、利用料を払いたくない、あるいは自分のデータを提供したくないという人たちだ。

それに対してデータ駆動型は、街づくりのコンセプトがスマートサービスの利用を前提にしたものであり、費用やデータ提供といった行為に比べて得られるメリットの大きさから、その街に住むことを自ら選択した人たちが住んでいる。シェアリングサービスや共同配送サービスといった先進サービスに感度が高く、実証実験に対しても積極的に参加し意見を寄せてくれる住民だ。こうした住民が高密度でいることは、新規商品・サービスを展開しようと検討している企業にとっては魅力的である。なぜなら、スマートシティをテストベッドとして活用したいという企業のニーズは年々高まっているからである。

これは、企業の新規サービス開発のあり方が変わってきたことに起因する。従来の新規サービス開発は、自社内で検討やテストを実施し、自社がサービスインを意思決定する。その後、ラインを作って生産し、世の中に送りだしていた。サービスの種類にもよるが、この工程に数年かかることも少なからずあった。

しかし、現在の先進企業が採っているアプローチでは、実際のユーザーとのインタビューの中から良いアイデアが出たら、すぐにプロトタイプを構築し、ユーザーに使ってもらうなかで出てきた改善ポイントを即座に反映しながら開発を進めていく。世の中で利用されるようになっても、そこで完成ではなく、利用データを見ながら継続的に改善し続けていくのだ。こういったアプローチを「アジャイルアプローチ」あるいは「PoC（Proof of concept：概念検証）アプローチ」と呼ぶ。

たとえば、車の自動運転技術を活用するケースを思い描くとイメージしやすいだろう。新規開発するサービスが物理的に提供され、かつ大規模な場合、実際にテストするための土地と多数のユーザー（＝テストフィールド）が必要になる。これが、企業がテストベッドとしてスマートシティに着目している背景である。

会津若松市が多種多様なサービスをいち早く提供できるのも、そこにテストフィールドが整備されているからだ。他の地域であれば、法的な問題や規制などでサービスを提供できなくても、会津若松市であれば法律や自治体、警察が協力してくれる環境がある。この環境こそが企業誘致につながり、土地のバリューアップに貢献しているというわけだ。

私たちのクライアントに、テストベッドとしての街へのニーズを聞いたところ、ある大手生命保険会社は、「個人情報の取り扱いなどに対し、特区を活用した規制緩和がなされている街や、先進サービスに対する住民の理解度が醸成されている街であれば、各種の実証実験が行いやすい」と回答している。ある大手自動車メーカーは、「低速自動運転モビリティによるコミュニティバスや、V2G（Vehicle to Grid）／V2H（Vehicle to Home）でのエネルギー融通サービス、水素エネルギーの実証を考える」と積極的に利用したい意向を示している。

4-3 世界の「新規開発型」スマートシティと「レトロフィット型」スマートシティ

ここで、世界のスマートシティの事例をいくつか紹介したい。スマートシティは、どのような空間をスマート化するかによって、「新規開発型」と「レトロフィット型」の二つに分けられる。新規開発型は、何もない場所にゼロベースで都市開発を行うものだ。全くのの白紙状態から、5年先、10年先を見据えて街をデザインする。一方のレトロフィット型は、住民が住んでいる既存の都市をスマート化するものである。

中国や、これから経済成長とともに人口が大きく増加する東南アジアでは新規開発型が多い。日本やヨーロッパでは、都市を作り替えるような大規模な都市開発は限定的であり、レトロフィット型での実現がカギとなる。ここでは、新規開発型とレトロフィット型の両方の成功事例を紹介する。

新規開発型

藤沢サスティナブル・スマートタウン（Fujisawa Sustainable Smart Town）：神奈川県藤沢市

日本で最も成功している新規開発型スマートシティの事例として、藤沢サスティナブル・スマートタウン（ＦＳＳＴ）を挙げたい。パナソニックが神奈川県藤沢市にもっていた自社工場の跡地19ヘクタールをスマートシティに作り変えた街で、その成功ゆえに多くの関係者が見学に訪れている。パナソニックが代表幹事に18のパートナー企業が協議会を組成し、世帯数１０００、計画人口３０００人、総事業費６００億円という街づくりプロジェクトに取り組んでいる。

「生きるエネルギーがうまれる街」というコンセプトのもと、住宅や街並みに統一感を持たせたＦＳＳＴは、従来の路線価格より高額な販売価格や、月額管理費の存在にも関わらず人気が高い。

ＦＳＳＴ内には、パナホームのスマートハウスが立ち並ぶ戸建街区とは別に、商業施設のほか、クリニックや特別養護老人ホーム、保育所などが一体化した「ウェルネススクエア（福祉・健康・教育施設）」、住民のコミュニケーション施設であり防災拠点でもある「コミッティーセンター（集会所）」、公園・緑地、太陽光発電設備が配置され、一つの街が形成されている。

すべての戸建て住宅が太陽光発電システムと蓄電池を備えたスマートハウス仕様である。スマートHEMS（ホームエネルギーマネジメントシステム）を使って冷蔵庫やテレビ、照明など家庭内の家電を効率的に管理する。スマートHEMSは、電気やガス、水道の使用量をリアルタイムで見える化する。エネルギーの地産地消を目指しているからだ。環境と安心・安全の数値目標は、CO_2を70％削減、生活用水を30％削減、再生可能エネルギー利用率は30％以上、3日間のライフライン確保である。

FSSTにゲートや柵はない。しかし、出入口や公園の陰、公共の建物、大通りの交差点を中心に約50台のセキュリティカメラを設置し、画像を記録している。加えて「セキュリティコンシェルジェ」による巡回やセンサー付きLED街路灯によって、安全・安心を提供している。

住民は、高いクオリティで「エネルギー」「セキュリティ」「モビリティ」「ウェルネス」「コミュニティ」の五つのサービスが受けられる。たとえば、公園で遊んでいる子供を家からモニタリングしたり、ＥＶ（電気自動車）や電動アシスト自転車のシェアリングサービスを格安で利用したりできる。モビリティサービスも自分で手配する必要はない。あらゆるモビリティサービスをワンストップで実現してくれる「モビリティコンシェルジュ」が的確なアドバイスをしてくれるからだ。

ＦＳＳＴは新規開発型ということもあり、基本的に住民はＦＳＳＴという街のコンセプトに賛同し入居している。そのため、住民の多くが新しいサービスの創出や、そのためのデータ利用に対して積極的である。社会問題にも関心が高く社交性もある。

こうした住民の特性は、住民と事業者が参加する次世代型自治組織「FujisawaSSTコミッティ」の運営にも大きく影響する。それは、FujisawaSSTコミッティがタウンに導入する設備・サービスについて意見やアイデアを出し合い、運営会社である「FujisawaSSTマネジメント」が、その実現をサポートするように、住民参加型で企業の力を活かして街を発展させていく仕組みを実現している。

レトロフィット型ではスマートシティ化して先進的なサービスを導入しようとしても、既存住民の賛同を得られないことも多い。だが新規開発型のＦＳＳＴでは、参加を希望する住民が多数存在する。自動運転やシェアリングサービスのようなフィジカルな実証実験を実施しやすい環境がすでに整備されているわけだ。今後、フィジカルなモノの実証実験は増えていくと考えられることから、この街をテストベッドとするニーズも高まるだろう。

ＦＳＳＴは民間企業が主導するスマートシティの成功事例である。この成功を受けて、パナソニックは２０１８年３月に横浜市綱島に「綱島（Tsunashima）サスティナブル・スマートタウン（ＴＳＳＴ）」をオープンし横展開を図っている。

Sidewalk Toronto：カナダ・トロント市

２０１９年の時点で海外で最も注目されているスマートシティ計画がカナダのオンタリオ州トロント市の「Sidewalk Toronto」である。Waterfront地区を50年かけて再開発する。同計画の特徴は、不動産関連パートナーやインフラ・デザインパートナー（日本でいうディベロッパーのような企業）よりも先に、イノベーション＆投資パートナーを選定したことである。

Sidewalk Torontoのパートナーとして選出されたのは、アルファベット子会社のSidewalk Labs、つまりグーグルだ。基本合意においてグーグルは、計画策定に最大10億円、デジタルプラットフォーム構築などに40億円を出資、さらにカナダ本社を域内に移転すると発表している。

計画では、まずQuayside地区の4・9ヘクタールをテストベッドにして実証実験を行い、最終的にはEastern Waterfront地区の約300ヘクタール全地域に拡大することになっている。現在はSidewalk Labsの提案を、カナダ政府とオンタリオ州、トロント市によって設立されたWaterfront Torontoが検討している段階だ。グーグルがどこまでデータを活用するのか、それについても議論されている。

Sidewalk Torontoが目指すのは〝People First〟、つまり「人の移動が最適化された街」だ。自動運転によって車を減らし、街の状況をリアルタイムでモニタリングする。各種デジタルサービスを実証実験し、住民への利便性や企業の利益、公共サービスの負担モデルなどを試していく。

たとえば、現在のごみ処理コストは、住民から徴収した税金からまかなわれており、廃棄量との関連性は全くない。しかし、廃棄量に応じて、ごみを捨てた人から処理コストを徴収できれば、本来の意味で公平にできる。

建物にしても、30年後、40年後、住んでいる住民の変化に合わせてフレキシブルに変えられるように最初からルールを決めるという。たとえば、現状は子育て世代が多く自動車利用率が高いために広い駐車場にしているスペースを、30年後はイベントホールにするといったことを検討しているようだ。マネタイズは、前節で説明した「スマートサービス提供収益」「新事業創出・キャピタルゲイン」「データエコシステム形成によるトランザクションフィー」を予定しているという。

グーグルはインターネット上に膨大な量のデータを蓄積している。そのグーグルがリアルな街づくりで目指すのは、世界でデータエコシステムを形成するためだ。リアルな世界とバーチャルな世界をつなげて、既存の資産価値を何倍にもしようというわけである。そのためにグーグルは50億円もの投資をし、Sidewalk Torontoの権利を獲得したのだ。

レトロフィット型

アムステルダム（Amsterdam）市：オランダ・アムステルダム市

レトロフィット型は「マネタイズモデル」で述べた「①不動産のバリューアップ」が投資原資にならないため、企業や行政を巻き込んだ、さまざまな取り組みがなされているのが特徴だ。

この成功事例として世界的に有名なのが、オランダのアムステルダム市である。3章で触れたように、会津若松市はアムステルダム市と連携している。

アムステルダムには、環境問題に対する意識が高い人が多い。その文化風土から、スマートシティに参加することは「Ｃｏｏｌ＝かっこいい」という風潮を作り出すことに成功した。以前からヨーロッパには「シビックプライド＝自らが住んでいる、あるいは働いている都市に対して誇りと愛着を持っている」という概念がある。アムステルダムでは「アイ・アム・ステルダム」という標語が街中に定着している。ちなみに、シビックプライドの概念は最近、日本でも地方創生を語る際に引用されており、この取り組みは多くの点で学ぶことがある成功例だといえる。

同市は２００９年から、80万人、2万ヘクタールを対象に、ＣＯ２排出量削減を目的にしたスマートシティ活動を開始した。その後、「Horizon2020」を受けて市民のＱｏＬ（Quality of Life：生活の質）向上を追加し、取り組み内容も刷新している。Horizon2020は、産業と学術機関を結び付け、研究・イノベーションプロジェクトを助成する世界最大かつオープンなプログラムである。

アムステルダムのスマートシティ活動の特徴は、市と民間企業とで構成される官民連携の共同運営組織「Amsterdam Smart City（ＡＳＣ）」が全体を統括し、２００以上ものプロジェクトを管理していることである。ＡＳＣのもとテストベッド環境を整備するなど、新たな事業創出のためのサポートを提供している。

プロジェクトのテーマは、「インフラ・テクノロジー」「エネルギー・水・廃棄物」「交通」「循環型都市」「行政・教育サービス」「市民・生活」の六つ。代表的なプロジェクトには、余剰分を地域で蓄えるバーチャルパワープラントの実証実験、住民が使ってない乗り物を旅行者にレンタルするシェアリングサービス、ヘルシーな食事を意識付けるためのデジタルサービスの開発・実証などがある。

近年では「シェアリング」「スマート」「ファッショナブル」などのキーワードが組み合わさり、さまざまなシェアリングサービスを展開している。グローバルに成長したUberやAirbnb、Car2Goなど、その数はすでに30を超える。配達サービスを提供するTringTring、スペースシェアサービスを提供するＳ２Ｍなど、アムステルダム発祥のスタートアップ企業も数多く誕生している。世界各都市とシェアリングビジネスに関するアライアンスを構築し、先進事例や課題を共有、シェアリングサービスの実証実験地としての位置付けを確保しているのである。

スマートカラサタマ（Smart Kalasatama）：フィンランド・ヘルシンキ市

フィランドのヘルシンキ市は、市内への急激な人口流入対策として、Kalasatama地区の再開発計画「Smart Kalasatama（スマートカラサタマ）計画」を立案・実行している。Smart Kalasatama計画は、オープンデータの活用や市民のQoL向上を目的にしたスマートシティプロジェクトだ。具体的な目標として、「One more hour a day（毎日にプラス1時間の余裕を）」を掲げる。

Kalasatama地区には1580人（2015年時点）が住んでいたが、埋立地の港湾地区であったために、一般住宅や商業施設、交通インフラなどがほとんどなかった。そのため、レトロフィット型とはいえ、新規開発型に近い。

Smart Kalasatama計画の最大の特徴は、住民が居住しながらさまざまな実験的試みを行う「リビングラボ」にある。大手企業やスタートアップ企業がチャレンジしたいことをインプットし、ソーシャルサービスやヘルスケアといった新ビジネスの実証地として活用されている。

リビングラボではもう一つ、行政と民間企業、住民、市民団体が参加する「Innovator's Club」がオープンイノベーションのためのプラットフォームとして機能している。日常生活のなかで住民が気づいた改善点やニーズを共有するとともに、解決案を協議し、プロジェクトを具体化する。短期間の実施と意見交換を前提とした街として機能しており、今ではそれら新サービスに興味がある人たちが多く集まってきている。

代表的なサービスに、余剰空間のシェアリングサービス「Flextila」と、廃棄食品の削減を目指す「Foller」がある。Flextilaは、企業や行政が保有する余剰固定資産（会議室、ワーキングスペース、フィットネススペースなど）を、個人や企業・団体に貸し出すシェアリングサービスだ。ヘルシンキ市、中小企業、ホテル、レストランなどの約40の空間が常時登録されている。スペースは、個人でも企業でも誰でも借りられる。

Follerは、IoT（モノのインターネット）とRFIDタグ（ICタグ）を活用して生鮮食品の消費期限をモニタリングし、消費期限が近づいたら消費者に知らせるサービスである。スーパーマーケットは生鮮食品廃棄を削減でき、消費者は食料品をお得な価格で購入できるというWin-Winな関係を築ける。

Smart Kalasatama計画では、プロジェクトのスピード感と住民意見のフィードバックを重視し、「Agile Piloting」というアプローチを採用している。Agile

Pilotingはサービス開発のアプローチ方法の一つで、次の二つを重視する。

①サービス化およびサービスのPDCAサイクルを短期化する

②利用者の意見を取り込み、サービスが改良されている実感を利用者にもってもらう

Agile Pilotingでは、開発者と利用者の協業が重要な鍵になるため、一体感を持てるよう物理的に集まって議論する場を重視する。多くの場合、定期的にワークショップを開催し、市民および行政との連携を自発的に図っていく。Innovator's Clubはこれを実現したものだ。スピードも重視しており、サービスの内容も利用者も小さくはじめて、徐々に改善していく。

4-4 スマートシティの今後

日本全体が足並みを揃えて歩み出したスマートシティの今後

２０１３年から２０１４年にかけ、増田 寛也 氏が一連のレポートで「消滅可能性都市」を発表し、センセーショナルなその内容に世間はざわめいた。地方創生が急務とされ、スマートシティは消滅可能性都市をはじめ、地方を支える力として注目された。

そして今、第４次産業改革を受け、日本でもデジタル国家として発展すべく各種の関連法が国会で議論され整備されつつある。２０１８年の「社会全体におけるデジタル化の推進に関する法律案（デジタルファースト法案）」には、地方公共団体のデジタル化の促進、地方公共団体のクラウド利用の推進が盛り込まれた。「未来投資戦略2018」では、新しい時代のまちづくりとして、スマートシティが次のように取り上げられている。

「第4次産業革命の進展は、少子高齢化、人手不足、災害など様々な社会課題の解決に向けた大きな可能性に満ちており、こうした変革の効果は、課題解決ニーズのある地域においてこそ、最大限に発揮されるべきものである。そのため、新技術を活用した新たな手法による地域経済の自立と社会課題の解決を強力に推進していく」

これまで、スマートシティ戦略については総務省、経済産業省、国土交通省など各省がそれぞれの立場から推進してきた。しかし今、省庁の壁を越え、足並みをそろえることで、庁や事業ごとに充てられていた計1500億円規模の予算を一本化し、ルールや制度を改革しようとしている。それを、これまで地道な努力を続けてきた先進的な地方自治体に集中的に投資し、成功モデルを作り出す。この動きが加速するかどうかに日本の将来がかかっている。

会津若松が見据えるスマートシティの次なるチャレンジ

現在、会津若松市では、アイデアさえ持っていれば、どんどんビジネスを作っていける環境ができあがりつつある。市、大学、企業、市民が参加するオープンイノベーションセミナーには多くの人が集まる。市民はスマートシティに関心が高く、ポジティブで、ムーブメントが起きやすいのだ。

今後の一層の発展に向けて、官民学の連携の場、人材育成の場となるICTオフィス「スマートシティAiCT（アイクト）」が2019年4月に竣工した。公募で決まったその名称は「会津ICT」の略であるが、AiCTの「A」には「AIZU（会津）」「AI（人工知能）」「Advance（前進、進出）」の意味が込められている。

AiCTは、ひと・しごと・データが集まるオープンイノベーションの拠点、先端ICT関連企業の集積地を目指して作られた。私たちは、この建物のハードウェア的な整備というよりも、この中で生まれる意見や知見の連携に価値を見出している。共有棟を解放し、市の産業を担ってきた商工会議所や、スマートシティプロジェクトの発足当初から携わってきたメンバー、市民、市外から訪れる人々がアイデアを持ち寄って、イノベーションを起こしていくことを期待している。

このＡｉＣＴを中心に、私たちは会津若松市でのスマートシティの取り組みを第２ステージに進めていきたいと考えている。会津若松市では、これまでの活動の成果として、20％の市民の参加、３・４倍のインバウンドが認められている。完成した会津若松モデルは国から認定を受け、総務大臣賞を受けるなど、海外でも注目され始めている。スマートシティＡｉＣＴに賛同してくれた企業が会津に集積し、人が転入してくることで税収も増えていく見込みだ。

こういった着実かつ目に見える取り組みを推進することで得られたのは、積極的な市民と、「産官学金労言（産業、官公庁、教育機関、金融、労働団体、言論界）」のさまざまな領域から横断的に集まった賛同者のネットワークである。チームであればこそ、スマートシティの取り組みは実証から実装へと進化し、市民のＱｏＬを高めるステージへと進んでいける。

オープン・パーソナル・ビッグデータプラットフォームを核とし、集めたデータは情報信託という形で必要な事業体に提供され、これ自体が新しいビジネスになる。オプトインで収集・蓄積されたデータが領域の垣根を超えて利用されることで、新しい製品・サービスの開発に利用され、ＳＴＥＭ人材の育成やデジタルローカルガバメントの機能向上にも役立てられる。地域共通キャッシュレス・ポイントインフラとして、従来なら外部で一括管理されていた決済データを地域に残るようにし、住民ポータルの「会津若松＋（プラス）」と連動させ、自分専用のQRコードを表示すれば、どこでも決済できる仕組みが構築できる。企業が集まることで実現できるであろうアイデアは無数にある。

地方の中小企業製造業の生産性向上を後押しするために、彼らの事業のデジタル化を促進するコネクテッドプラットフォームを構築するという構想もある。会津若松市では、70社を統合して取り組みを推進する。中小製造業の生産性が高まることは、ひいては日本全体の生産性向上につながる。

デジタルやAI、サイバーセキュリティ関連企業を集積させた会津若松市は、アナリティクス人材の育成やデジタルシフトを牽引する地域になり、データ関連産業の実証フィールドおよびデータを活用した産業クラスターとしての存在感を増しつつある。私たちは、ますます発展・進化する会津の未来へと目を向けている。

CHAPTER 5

［対談］会津若松の創生に賭ける人々

本章の写真：©Photographer 森田ケンジ

5-1

会津若松の戦略ICTオフィスビル「スマートシティAiCT」、市民交流や観光拠点としても期待

～会津若松市 観光商工部 企業立地課 課長の白岩 志夫 氏とAiYUMU（あゆむ）代表取締役の八ッ橋 善朗 氏との鼎談～

会津若松のスマートシティプロジェクトにおける重要施策の一つが次世代を担うデジタル人材の育成と定着である。そのための戦略拠点となる「スマートシティAiCT（アイクト）」が2019年4月、会津若松市の中心部に竣工した。最先端のファシリティを持つICTオフィスビルで、同地での桜の開花と共にビジネスをスタートさせた。なぜ会津若松市はICTオフィスビルの建設と運用に取り組む

写真5-1 2019年4月に竣工したICT特化のビジネスオフィス「スマートシティAiCT（アイクト）」の外観

のか。

中村　彰二朗（以下、中村）　アクセンチュア・イノベーションセンター福島　センター長の中村彰二朗です。2019年4月、最先端のICTに特化したビジネスオフィス「スマートシティAiCT（アイクト）」がオープンしました。

AiCTは、会津若松市によるICTオフィス環境整備事業を中心に、「ひと・しごと・データが集まる『まち』」として整備された先端ICT関連企業の集積を目的に、集い・つながる場として親しみやすいエリアになるよう計画されています。会津若松市としては、どのような経緯からAiCTの設置に至ったのでしょうか。

白岩 志夫（以下、白岩） 会津若松市の観光商工部で企業立地課 課長に就いている白岩 志夫です。2008年に起きたリーマンショックと、2011年の東日本大震災。この二つが大きな背景にあります。会津若松市では半導体の大規模工場などが市の経済を牽引してきましたが、世界的不況と震災は地域の活力を大きく減衰させる要因になりました。

ものづくり企業においては、医療分野や再生可能エネルギー分野などは持続的に成長していました。とはいえ「ものづくり企業だけでよいのか」という議論もありました。それがその後、デジタル化を受け入れる素地になったのです。

一方で、会津若松市には1993年に開学した、コンピューター分野を専門とする単科大学、会津大学があります。しかし、その卒業生の受け皿となる就職環境づくりが十分とはいえず、輩出した人材が首都圏へ吸い取られてしまうことも課題でした。

ハードでなくソフトの事業であるサービス産業を伸ばしたい

白岩　震災後、いち早く市内に拠点を構えたアクセンチュアと、会津大学、そして当市の産官学で復興の方向性について議論した結果、インターネットやスマートフォンといったインフラやハードウェア側の事業ではなく、我々はソフトウェア側の事業であるサービス産業を伸ばしたいとなったのです。
　そこで「新産業」と言われるＩＣＴ関連産業の起こし方を議論しました。実証実験の環境整備なども、その一つです。おかげでアクセンチュアだけではなく、ＩＣＴ関連企業が会津若松に拠点を置いてくれるなどの成果に結びついています。こうしたことが「スマートシティＡｉＣＴ」誕生の背景です。

中村　すでに、ビルがあれば企業がやって来る時代ではありません。これからは「そこで何ができるか」がますます重要になります。議論では、拠点を構えることで「何が得られるか」を検討しましたね。第１が先端実証事業、第２が魅力的な人材です。後者は大学との共同研究の機会も含みます。

インターネット社会は「仮想」なので地域や場所を問いません。そして今や、社会全体がデジタルシフトする時代に入っています。しかし、現実世界でデジタルトランスフォーメーション（DX：デジタル変革）を起こすには実証フィールドが不可欠です。たとえば「自動運転」をテストするにも、実際にクルマを走らせる道路が必要だということです。

会津若松市は、日本で最先端のスマートシティプロジェクトを実施し、行政や市民生活のデジタル化に取り組んできました。これが交流人口増加の面で効果が表れ始めています。会津若松市は「通う人が増える」ステージから「定着する人口をいかに増やすか」へと進もうとしています。そうした観点でもAiCTは、企業誘致に有効だと思います。

事業会社にスペースを貸し出す「ホルダー企業」制を採用

中村　ところで今回、スマートシティAiCTを市が運営・管理するのではなく、土地・建物の所有者が事業会社にスペースを貸し出す「ホルダー企業」制にし

写真5-2 ICTオフィス「スマートシティAiCT（アイクト）」について鼎談する会津若松市観光商工部 企業立地課 課長の白岩 志夫 氏（右）とAiYUMU（あゆむ）代表取締役の八ッ橋 善朗 氏（中）、そしてアクセンチュアの中村 彰二朗（左）

た理由は何だったのでしょうか。

白岩　民間の資本や知見と組むことで、より大きく、よりインパクトのある施設にしたいと考えていたためです。AiCTの土地は市の所有ですが、建物はホルダー企業に決まったAiYUMU（あゆむ）と市の共有財にしています。そのうえで、運用をAiYUMUに委託しています。

八ッ橋 善朗（以下、八ッ橋）　ＡｉＹＵＭＵ代表取締役の八ッ橋 善朗です。公共事業はこれまで、企画から発注、運営までを役所で完結し、民間が関わるケースはほとんどないのが通例です。これに対しスマートシティＡｉＣＴは、民間が企画提案したものが審査で選任され、その後に運営責任までを担う稀有なケースです。

私たちは、これからのまちづくりは、行政を信頼し一任するのでは足りなくて、市民一人ひとりが自分の町の将来をどう描くかを考え、積極的に関わることだと考えていました。自分たちもリスクを取りつつ活躍する。そんな視点でまちづくりを考えていた時に、会津若松市からＡｉＣＴのプロジェクト公募があったのです。

白岩課長が話されたように、官と民それぞれに得意なことがあれば、限界もあります。そこを相互補完しながら民間の立場で、まちづくりのための役割を探っていく。

会津若松市を生活と事業基盤にしている我々にとって、市の衰退は自分たちの生活の質の低下やビジネスの先細りに直結します。リスクを取ってでも、新しいまちづくりに一緒に取り組むことは、自分たちの将来を自ら切り拓くという意味でもありました。

AiCTのプロジェクトは〝みんなの夢室(ゆめむろ)〟

八ッ橋　とはいえ今回オフィス棟に入っていただくIT企業は、成果物が工業製品のようには目に見えないばかりでなく、技術の専門性の高さ、技術革新のスピードや盛衰が激しく、参加を決断する際にはかなり考えました。

ただ、この事業は民間の誰かがやらなければならないことは理解していたからこそ、最後は思い切って腹をくくったことも事実です（笑）。市役所は市民の税金の運用について最終責任を取らざるを得ませんから、失敗のリスクはできるだけ避けたい。これは当然です。だからこそ、我々のような日々収益を考えながら事業を運営している民間企業の出番だと。

アクセンチュアさんを含め、大企業にぶら下がるのではなく、市長のリーダーシップのもと、市民が町の将来を考え、今回オフィスに参集される企業の勢いも得ながら、一つひとつ丁寧に夢を育てあげていきたいのです。AiCTは、いわば、会津若松の人々の夢を育てていくインキュベーターとしての「夢室（ゆめむろ）」のような場所ではないでしょうか。会津の人間は頑固者ですが自立心が強い。時間をかけて、一つひとつ形にしていきます。

中村　我々の気持ちも全く同じです。成功の秘訣はパートナーシップであり、産学官民の連携が不可欠です。ここでの「民」は市民。市民中心のまちづくりであるところが、会津若松市のスマートシティプロジェクトのポイントです。日本人は国や行政に頼りがちな国民性があります。しかし産学官民の連携では、「自分たちの町をどうしていくのか」という横の連携、すなわちパートナーシップが重要です。

白岩　そうですね。スマートシティAiCTはハードウェア的な整備ではなく、意見や知見の連携にこそ本質があります。そうした意識が会津若松市に芽生えているのを実感しています。

ビジネスのためだけでなく市民が交流できる場に

中村　スマートシティＡｉＣＴはビジネスオフィスのみならず、市民の交流の場としての機能も有しています。

八ツ橋　はい。スマートシティＡｉＣＴは単なるハコモノではありません。どんな都市にも文化や伝統があり、教育や医療には、その町の特徴が表れます。会津には会津のそれがあるのです。これからの会津若松市民に必要なのは、「未来の会津を皆で考え共有できる、交流する場所」だと考えていました。
　ＡｉＣＴは、この都市にふさわしい規模のオフィス棟を備えています。そこに併設される交流棟は、これまで市の産業を担ってきた商工会議所をはじめ、スマートシティプロジェクトの発足当初から携わってきたメンバーや、市民、市外から訪れる人々が「住み続けたいまち」のアイデアを持ち寄り交流できる場所です。もちろんオフィス棟に入居される皆さんの要望や知見も反映し、そこでの成果を周知活用できる場所として設計しました。

中村　スマートシティＡｉＣＴには、世界に名だたる企業が入居してきます。従来は東京でしか聞けなかった講演が会津若松市で開催されるようになるでしょう。

地元企業が参画し、大学生が加わり、市民講座などを通じて町の人々が集まることで意識が変わると思います。そのための交流棟です。

アメリカでも、シリコンバレーはカリフォルニア州の片田舎です。しかし毎晩のようにカクテル片手のライトニングトークのイベントがあり、起業家や投資家が集います。それが、ここ会津若松市でも実現することには何の疑問もありません。

白岩　スマートシティAiCTのプランの発足時、市としては「市民とのつながりを実現してほしい」と要望を出しましたが、期待以上の提案でした。民間の知恵の凄さやアイデア力に驚かされたことをよく覚えています。

鶴ヶ城と同じ瓦は「歴史をつなぎ未来へ託す」決意表明

中村　スマートシティAiCTには、会津若松のシンボルである鶴ヶ城のものと同じ原料で作られた瓦が使われていますね。

八ッ橋　今回、建物に採用した瓦には、会津に受け継がれてきた精神、すなわち「時勢によらず信ずる正義のために誠を尽くす」を表象させました。お城の瓦を加えることで、スマートシティＡｉＣＴは先人の皆さんが守ってきた精神をしっかり受け継いできた証であり、未来につなげていくという私達の決意表明でもあるのです。

実はＡｉＣＴの土地は、戊辰戦争のときに官軍が押し寄せてきて、会津軍が立ち向かった攻防戦の跡地です。敗北の後に調印させられた場所も、すぐそばです。つまり、近代の新しい会津が出発した場所です。そこに建つＡｉＣＴは、二重の意味で「会津の再出発」の象徴なのです。

中村　景観だけではなく、奥深い意味づけがされていたのですね。

ハードウェアが先行しがちなハコモノ事業には心が入らない。しかしスマートシティＡｉＣＴには設計段階から魂が吹き込まれています。大学との連携や人材育成などが先行し、どうしてもハコが必要になってから、ようやく建物を企画した。この順番でプロジェクトを組成したのは会津若松市が初めてでしょう。大勢の方々とたくさん議論しましたね。

白岩　議論を重ねたことで、官と民の関係性が変化しました。地主と店子ではなく「一緒に考えていく」、つまり連携する発想になったのです。これからの行政と企業の関わり方も、本質的にサービス業的なものへと転換していくのではないかと想像しています。

中村　共同発想・共同提案・共同責任です。そして「協働」が、これからのキーワードです。

100%再生可能エネルギーを目指す「RE100」に準拠

中村　ちなみにスマートシティＡｉＣＴは、欧米の先進企業では、もはや標準になりつつある「ＲＥ１００」仕様に準拠しています。ＲＥ１００は「Renewable Energy 100%」の略で、再生可能エネルギーを１００％利用して会社の事業を運営することを目標に掲げる企業の集まりです。

白岩　福島県は以前からCO2削減に積極的に取り組んでいました。国際環境NGO（非政府組織）が手掛け、世界的大企業が続々と参加しているRE100仕様に準拠することは、時代の流れに合致しています。

中村　SDGs（Sustainable Development Goals：持続可能な開発目標）の流れも、それを支援していますね。スマートシティの原点は、市民による行動変革です。ヨーロッパでは参画者が増えていますし、GAFA（Google、Amazon、Facebook、Appleの4大ITベンダー）クラスの大企業なら、RE100に準拠していないオフィスは借りないとしているくらいです。

再生可能エネルギーの分野で福島県は、日本をリードする存在になります。RE100準拠のスマートシティAiCTは、その象徴になるでしょう。

中村　週末のスマートシティAiCTは、市の観光のハブとしても機能しますね。

八ッ橋　そうです。一般的に週末のオフィスは無人です。そこで土・日は駐車場を開放するなど敷地を使えるようにすれば、観光面でメリットが出てきます。自家用車で訪れる観光客に対し、車はスマートシティＡｉＣＴに駐めて、市内観光はバスで巡回するといったアイデアも出てきています。

中村　「自家用車を駐車して、バスなどで観光する」という手法は、ヨーロッパではすでに採用されています。ですが日本では前例がほとんどない。そうした〝前例がないことへの挑戦〟について自治体の側では、実現に向けて何が推進力になったのでしょうか。

白岩　前例がない取り組みであっても推進できるのは、市長のリーダーシップあってこそです。ＩＴは成長産業なので〝コト〟のビジネスを起こし定着するまで、官民を挙げて試行錯誤していきます。

バブル期のIT産業のイメージを壊し、スマート化への市民の実感を期待

中村　スマートシティＡｉＣＴの建設についても十分に議論を尽くしました。

白岩　はい、市としても「地域再生計画」や「まち・ひと・しごと創生総合戦略」に位置付け、庁内でしっかりと進めてきました。

中村　私自身のライフワークでもありますが、東京一極集中は是正しなければなりません。かつて私が東京にいて「辻褄が合わない」と感じたのは、仲間と「ネットワーク社会だ。第二列島改造論が必要だ」と意気込んでも、その議論に参画するメンバー全員が東京で生活していたことです。ITで産業を誘致するという取り組みは、まさに会津若松市とマッチしました。

アクセンチュアはスマートシティAiCTの1階に入居します。我々が「大きなビジネス」を手掛けている様子を是非、肌身で感じていただきたいと願っています。

八ッ橋　IT業界は本来、地味な部分も多いのですが、地方都市の市民にとってITといえば、2000年ごろのITバブルのイメージが根強く残っています。東京の六本木や渋谷などの高層ビルに出入りして、華美な消費を繰り広げるといったイメージです。会津若松のような町で地道にコツコツと仕事をしてきた人には想像しにくい業種です。

市民の皆さんには、スマートシティＡｉＣＴに集積するＩＴ業界の企業活動を実際に見て、接して、世界を動かす「新産業」を感じてほしいと思っています。スマートシティ構想で「会津若松市は変わります」と言われても、これまで実感を持てなかった市民も多かったようです。ＡｉＣＴで人の流れが変わるのを目にすれば、その理解が深まり、自分や事業にＩＴを活用する構想があふれてくるのではないでしょうか。

ＡｉＣＴに入居する企業の皆さんには、最大限の敬意とおもてなしをもってお迎えします。まだ開館前の段階ですが既に交流棟の利用リクエストが多数届き始めています。

白岩　会津若松市のスマートシティプロジェクトの成果の一つとして、スマートシティＡｉＣＴは誕生します。市民の方々に見える形であることで理解が深まり、雇用や交流が生まれ、首都圏からの移住も実現します。ＡｉＣＴを拠点に、さまざまな取り組みを拡大していきたいと考えています。

中村　ＩＴ業界側の立場から、これからも期待に応えていきたいと思います。本日はありがとうございました。

5-2

地方創生には「地域の経営力」が不可欠、シビックプライドを高め、「会津らしさ」のあるスマートシティに

~地域プロデューサー本田 勝之助 氏との対談~

日本各地の地方都市が抱える課題には共通項目が多い。だからこそ共通の解決策やアプローチが有効である一方で、地域ごとのユニークさや優位性が何かを見失ってはいけない。会津地域におけるスマートシティプロジェクトのキーパーソンの1人が本田 勝之助 氏だ。会津若松市の出身で、経済産業省が認定した「地域プロデューサー」として日本各地の課題解決に尽力している。「地域経営力の強化」や「地域の自立・自走」を本田氏は強く訴える。

中村 彰二朗（以下、中村） アクセンチュア・イノベーションセンター福島 センター長の中村 彰二朗です。会津若松市の課題は、日本全体が抱える社会課題の縮図です。それは、将来のアジアの諸都市における未来の姿でもあります。

私にとって本田さんは、スマートシティプロジェクトの発足から約7年を共にしてきた盟友の1人です。それ以前からの関係を含めると約18年の付き合いがあり、オープンかつフラットに語りあえる関係です。

さまざまな社会的役割を果たしている本田さんですが、特に広く知られているのが、経済産業省が提唱する「地域プロデューサー」の福島県代表としての活躍でしょう。地域プロデューサー、あるいは「地域都市ブランド専門家」とは、どのような仕事なのか、改めて教えていただけますか。

本田 勝之助 氏（以下、本田） 農業と食を中心に地域をプロデュースする総合専門会社、本田屋本店 代表取締役の本田 勝之助です。

私が務める地域プロデューサーや地域都市ブランド専門家といった肩書の仕事が誕生したのは２００８年です。経産省による取り組みで、その活動内容は多岐に渡ります。一例を挙げれば「農作物のブランド化」を図るために、生産者の栽培方法や特徴など商品が持つ差別化ポイントをしっかりと訴求するアプローチを企画し実施するなどです。

地域の「経営力」を強化し、1つの企業体にまとめる

本田　こうした取り組みを進めるにあたって不可欠な要素が「地域を経営する視点」です。地域をプロデュースするには、マーケットで戦える人材を育成し、競争力が高いモノやサービス生み出すのはもちろんのこと、専門性を持つ外部の組織とも必要に応じて連携していかなければならないからです。

「経営力の強い地域」すなわち、外の地域から見たときに、その地域があたかも一つの企業体であるかのように意識や行動の転換を図るのが地域プロデューサーの仕事です。地域発展のボトルネックは経営力不足。しっかり実績を作り経営力を習得することで、地域の競争力を強化するのです。

地域経営をテーマに考えていた私にとって重要なサブテーマは「人づくり」でした。会津の歴史にも興味がありました。振り返ってみれば、昨今の言葉で

写真5-3 対談する地域プロデューサーの本田 勝之助 氏（左）と中村 彰二朗氏

いう「シビックプライド」、すなわち都市に対する市民の誇りであり、権利と義務を持って主体的に活動することへの関心が高かったですね。

会津の人は「誇り」という言葉をよく使います。誇りは、自分たちが寄って立つものであり、その地域の文化や伝統、歴史、先人たちが作り遺したものによって育まれます。ただ実は、高校生の頃までの私は「海外に飛び出て働こう」と考えていました。

中村　そのグローバル志向が、どうしてローカル志向へと変わったのですか。

本田　先人の「思い」を知ったからです。歴史を学ぶにつれて関心が深まりました。戊辰戦争後に会津松平家の松平容保（まつだいら・かたもり、1836〜1893）が送られた斗南藩のあった青森県にルポ取材に出向き、先人たちのことを書物で知り、後継の方々の話を聞いて、当時の人々が「後の世に、会津に生まれる人たちが誇れる場所にしたい。そのためならば苦労の道も歩む」という思いの強さを知りました。

発信された「思い」には、受け取る人が必要です。私は先人の思いを受け継ぎたいと考えました。でなければ先人が報われず気の毒です。そうしたことがあって私の海外志向は、同じエネルギー量を持ってローカルへと方向転換したのです。

中村　私が本田さんに興味を持ったのは、会津のベンチャー企業が東京にも拠点を持って頑張っているという話を聞いたからです。当時から私にはフラットやオープンという意識がありましたので、本田さんと私の間に上下関係のようなものは初めから存在しませんでしたね。すぐに打ち解けて、ビジネスパートナーというよりも、友人として付き合うようになった感じです。

本田　そうですね。中村さんのオープンやフラットといった思想や、その実現のための課題など、多くのことに共感しましたし尊敬もしました。本当に色々なことを学ばせていただきました。

会津大学の國井学長の講話から「ICTと経営」の重要性に気付く

中村　そもそも本田さんが経営分野を志望した動機は何だったのですか。

本田　先ほど、高校時代の私はグローバル志向だったとお話ししましたが、高校3年の時が会津大学開学の前の年でした。当時の私は、新聞部と生徒会長を兼任していたので、初代学長である國井 利泰 先生のお話を聞きにいきました。

國井先生は「未来はこうなるよ」と、ICTがいかに社会を変えるかを私たちに説明してくださいました。ポケベルが普及するよりも前の時代に、國井先生は携帯端末を使った通信やホログラム映像の活用を語られたのです。

そのＩＣＴを専門とする大学が会津にできる。戊辰戦争以後、会津地域125年の悲願成就として地域住民や経営者も喜んでいる。そんな様子を見て「将来は地元の振興に携わる仕事をしよう」と心に誓いました。

國井先生のお話を聞いて感銘を受けつつも、地域を見渡して感じたことは「地域振興には経営の視点が不可欠だ。経営力がなければＩＣＴの使い方を誤るし、持続的成長も見込めない」ということです。ですので大学では政治経済を専攻し、専門学校で会計も学びました。そして会津に戻り、コンサルティングとソフトウェア開発の会社を設立しました。

その会社では地元企業の経営者の相談に乗りながら、企業の情報化支援に取り組みました。当時はそれを「ＣＩＯ（最高情報責任者）のアウトソーシング」と表現していました。

地元の経営者たちは、インターネットを使えば売り上げが伸びると期待していましたが、既存の商品／サービスをそのままネットに載せても直ちに売れるわけではありません。ネットでビジネスを伸ばすにはどうすれば良いかに

２０００年頃から取り組みました。

実家が青果問屋を経て青果市場だったこともあり、特に力を入れたのが農業分野です。当時、農業従事者には経営という概念さえなく、農業に経営力をインストールすることは地域経営力の強化に向けたチャレンジでした。

中村さんと初めてお会いしたのは、その頃です。私はオープン系技術の効率的な開発をリサーチする中で中村さんの資料をネット上で発見し、「ぜひ一度お会いしたい」と思っていた矢先でした。

中村　最初にお会いしたのは六本木・芋洗坂の中華料理店でしたね。よく覚えています。

地方創生のために憎まれ口を叩かれても突き進む

中村　残念ながら本田さんの強い想いをもって２０００年から18年が経った今でも、課題解決は達成できていません。経済成長を遂げた国の既得権益は、それほどに強固で、打ち壊すことが困難です。

デジタルシフトやデジタルトランスフォーメーションを理解している方々は、この変化は「不連続である」とはっきり口にしています。だからこそ「Dare to Disrupt（あえて壊す。勇気を持って大胆に打ち砕く）」以外に道はありません。憎まれ口を叩かれても、地方創生のために突き進むことこそが私たちの役割だと確信しています。

本田　大変な役回りですね。

中村　とはいえ最近は、あまり反論は言われなくなりました。むしろ「アクセンチュアに言ってもらえてよかった」「気づけた」という声が増えてきています。〝変わる準備〟が社会に整ってきたのかもしれません。

たとえば、日本の経営者が中国を視察し、街角の屋台でキャッシュレス社会を経験すれば「日本は遅れている」と肌身で感じて帰国します。それまでデジタルに懐疑的だった人が一気に推進役に変わる瞬間です。ただ一方で、「デジタル社会など嫌だ」という拒否反応も、まだまだあります。

本田　まさに忍耐の18年間です。

中村　そうした状況の中で、本田さんをはじめ、会津地域スマートシティ推進協議会の皆様が市民中心の取り組みとして、会津のスマートシティプロジェクトを進めてこられたわけです。

「一時的支援」ではなく「永続的関係性」の構築へ

中村　本書の「はじめに」にもあるように、２０１１年3月11日に起こった東日本大震災から40日後、経産省の呼びかけにより、大手企業約１００社が経産省に集まり、岩手・宮城・福島の各県代表者から被災地の状況を聞く機会がありました。その際に福島県代表として登壇されたのが本田さんでした。

本田さんはコミュニティラジオでパーソナリティをされるなど、元々スピーチがお上手ですが、その場にいた経営者たちが本田さんの話に引き込まれていたのをよく覚えています。

ＣＳＲ活動や義援金、ボランティア活動への感謝を述べられた後に本田さんは経営者たちに「福島県に事業をしに来てください」と訴えかけました。支援活動と違って、現地でビジネスをするとなれば短期の取り組みではなくなります。

私も司会者から「中村さん、アクセンチュアとしては何かないの？」と、その場でうながされました。当時の私はアクセンチュアに転職して間もなく、責任ある発言はできない立場でしたが、日本の大手企業が多数集まっている、この会議では、復興を勢いづけられるように高いモチベーションが必要だと考え「センターのようなものを設立することを検討したい」と発言しました。

本田　はい、うれしかったです。当時の福島県民の気持ちを一言で表すと「不安」に尽きます。農作物を買ってもらえなくなるのではないか、県外の人と結婚できなくなるのではないか。なによりも差別的に扱われるのではないか。寄り添ってほしいというのが当時の県民の本音だったでしょう。

交通機関や道路などはいずれ復旧します。だからこそ一時的な支援ではなく、永続的な関係を構築したい。次のステップとして「事業進出のお願い」や「雇用」をメッセージに盛り込んだのはそのためです。

中村　そもそも本田さんが福島県代表に抜擢された理由はなんでしょうか。

本田　県の側で選んだのではなく、経産省からの指名でした。経産省は「地方創生会議」の一環として、地域キーパーソンによる会議を実施していました。団体組織や行政に対してではなく、その地域の現状や特徴をよく知り、コミュニティ内にネットワークを持っているキーパーソンに予算をつけたほうが即効性を持って地域をより良くできるという研究でした。
　その地域キーパーソンの東北代表の1人として私が選出されていたことで、経産省内では「福島県からは本田」という人選があったのではと推察しています。

中村　なるほど。地域を知っている本田さんだからこそ、「福島県で事業を興してほしい」というメッセージは実に力強いものでした。

本田　私は食品業界が抱いている不安が最も大きいと感じていました。そこで一例として、外食産業の方々に食品加工場を福島に作ってほしいとお願いしました。農家などの生産者や食品加工業者を勇気付けたかったのです。

復興において、福島県内の人たちだけでプランを考えても「元どおりになる」のが限界です。新しい未来を描くには、グローバルな視座を持っている方々の力添えがほしい。わずか5分程度のスピーチでしたが、被災した街に未来の明かりを灯してくれる人に来てほしいという願いを込めて話しました。

中村　5分でしたか。30分くらい聞いたような気がしました。それくらい、その場にいた全員が食い入るように話を聞いていたということでしょう。

私たちが福島入りした最初の3カ月間は、腰にガイガーカウンター（放射線測定器）を装着して仕事をしていました。カウンターの数値が上がったら引き揚げるよう会社からはルールを課されていましたが、実際には数値は上がりませんでした。

将来への「見通し」を持った対話が信頼につながる

中村　そしてアクセンチュアが会津若松で調査活動などをはじめるに当たり、本田さんとはアドバイザリー契約を結び、ご協力いただきました。

本田　地元に関する情報のインプットだけでなく、県庁や市役所はもちろん、病院や学校、商工会議所や観光業の拠点など、さまざまな場所とのコネクションをつなぎました。ヒアリングに同席することもありました。
アクセンチュアのヒアリングに同行していて感じたのは、「ヒアリング後のアクション」における他の企業との大きな差です。アクセンチュアは現場の課題をヒアリングすると解決への道筋を考え、その見通しを持って再び訪問し、議論するサイクルを持っていました。そのため訪問先との関係性が構築され、信頼感が醸成されていくのを目の当たりにしました。
「私たちにできることは何ですか?」というアプローチでは、相手の要望する範囲までのことしか実現しません。しかしアクセンチュアは、ヒアリング後にその先の「見通し」を示した点が特徴的でした。

中村　私たちは「外から来た第三者」の視点で語るため、時には地元の方々の反感を買ってしまうこともありました。とはいえ、激論を重ねながら、Dare to Disruptの道筋をつける必要があります。

コンサルタントである私たちは「べき」論を話します。それは誰かが言わなければならないことであり、コンサルタントの使命です。お叱りを受けることも覚悟のうえで、私たちは「こうあるべきです」と言います。

ただ「あるべき」と言ったからには、アウトカムに責任を持つ。会津若松においても、たとえば地域ポータルサービスの「会津若松＋（プラス）」の立ち上げでは、利用者数の目標を市民の30％に設定しました。外国人観光客を誘致する「デジタルＤＭＯ（Destination Management Organization）」の取り組みでも、ゴールは３倍に設定しましたが、現在では3・4倍になっています。アウトカムにコミットし、努力をもって業界に示さなければならないのです。

本田　アクセンチュアはグローバルな知見やソリューションを持っています。「こういう取り組みはどうか？」という提案も多岐にわたっていました。かなりの回数と量のやり取りがあったと記憶しています。

地元を変えたいという思いが強い人ほど地元に残らない

本田　中でも、最も困難な取り組みは、やはり地元の理解を得ることです。部分的には今も継続中と言えます。地域には行政などとは別に、事実上の意思決定権者と呼ばれる重鎮がいます。そうした方々にどうやって納得していただき、変化を受け入れていただくか。そこが地域を変えるうえでの共通の難しさです。

中村　地方創生でなかなか成果が出ない理由の一つがそれです。「地域をより良くしよう」「課題を解決しよう」と東京から意気込んでいっても、さまざまな要因がある中で、地元の理解をうまく得られず意気消沈して東京に戻ってくることも多い。だからといって地元の若者が、上へ向かって突き上げることは、さらに難しい。

私たちは「それは違う」と思ったことは臆せずに「正しく言い返す」ことを徹底しています。それでも一筋縄では、いかないことが多々あります。

本田　「地元を変えたいという思いが強い人ほど地元には残らない」というケースが多発していることは皮肉ですね。地元で起業するだけでも、地域経済に何らかのハレーションを起こすからです。その解決にどれだけの労力を割くか、または違うパスを模索するのかも、また苦労です。

中村　そうしたことの一つひとつが、地方で若者が窮屈な思いをしている理由です。東京では他人にあまり関与しません。干渉されないから地方出身者が暮らしやすい。だから地元に戻らず、都心への流入過多になるのかもしれません。

本田　柔軟な考え方を持つキーパーソンが、地域には重要だと本心からいえる時代です。

中村　本田さんは現在、どのくらいの地域と関わっていますか。

本田　国内100以上の地域と仕事で関係しています。各地域が抱えている課題の大部分は共通しており、その多くはデジタルを活用することで突破口が見えてきます。

デジタルなプラットフォームが地域コミュニケーションを変える

中村　デジタル技術の利活用におけるハードルは何だと思われますか？

本田　コミュニケーションに問題があると思います。これほどのデジタル社会になったにも関わらず、市民とのコミュニケーションの距離が短くなっていないことを課題視しています。

家庭、職場、学校、医療現場、行政など、それぞれが完結して閉じています。部分最適だけが進んだ状態です。地域コミュニケーションに無関心だったり、声や意見が反映された施策になっていなかったりしているのが実状でしょう。ローカルマネジメントを実現させるカギは、コミュニケーションの促進です。全体最適を考えたマネジメントのために、効果的なプラットフォームを構築することです。このことは包括的なデータ管理の側面でも重要になります。

こうしたプラットフォームを使って、サービスの利用率を高めながら、地域経営の視点や、シビックプライドの醸成の点でコミュニケーションを促進していくことが不可欠です。

中村　具体的には何が必要ですか。

本田　「市民自身が事業の主体者である」と意識付けることでしょう。つまりシビックプライドです。そのうえで大勢が利用しやすいサービスを設計する必要があります。

雇用の問題においてはやはり、中高生があこがれる会社が地域内にあること、そして保護者の方たちに「うちの子には是非その会社へ入ってほしい」と思わせるような環境であることが重要だと思います。

私の子どもたちは会津若松の学校に通っていますが、同級生の保護者からアクセンチュアの名前を聞く頻度が年々上がっています。2019年4月にオープンするICTオフィスビル「スマートシティAiCT」についても、国内外で有力な企業が入居する予定と聞き、保護者の期待も高まっています。

他の地域や海外の人々から「いいところに住んでいますね」と言われること

で、シビックプライドが高まることもまた事実です。そうしたことが実現するには、あと3〜5年で十分でしょう。なぜならここまでの変革を7年でやり遂げたのですから。

地域の自立・自走こそが健全な形。アクセンチュア依存体質にはなるな

本田　先ほど地域課題は共通だと言いましたが、地域の文化を育て、産業を発展させるためのキーになる要素は地域ごとに異なります。会津は「会津らしい分野ですね」と言われる方向性を選ぶでしょう。そのなかで歴史などの文脈が必ず生きてきます。

会津地域がスマートシティとして世界的に知られるようになったときに、会津らしさがなくなっていたのでは本末転倒です。データ活用やスマートシティの実現においてこそ、アイデンティティや地域のメンタルを忘れないようにしなければなりません。

中村　地域経営においてアクセンチュアには何を期待しますか。

本田　デジタル技術は変化や進化が速く、マーケットも日々変わっています。変革を正しく起こすには、適切な準備期間や助走距離が必要です。しかし、地域社会が変化していくうえで「見通しを誤らない」ということは、地元メンバーだけでは不可能です。アクセンチュアには、最初の一歩や方向性を間違えずに踏み出すための指針の提示を期待します。

議題があればすぐに検討会が開かれ、方向性が間違っていないかを議論する。そのためにアクセンチュアを頼るのは妥当だと思います。人は、初めは懐疑的でも、仕組みがうまく回り始めると、手のひらを返して賛成したり協力的になったりします。そうなれば変革は加速していきます。

中村　その際に注意すべき点は何でしょう。

本田　「アクセンチュア依存体質」にならないことです。アクセンチュアの力を借りることは良いし協業も賛成です。部分的には委ねるしかない場面に直面することもあるでしょう。しかし地域のことは「自分たちでやっていくんだ」という自立意識をなくしてはいけません。

特に、成果が出れば出るほど依存度は高まりやすい。地域の方々は自らを律する気持ちが不可欠です。

これはアクセンチュアにも理解していただきたいことですが、「地域が自立的に取り組んでいくことのサポート」という関係性を持続しながら、地域の側がガバナンスを保ち自走することが重要です。それが地域経営における健全な形だと私は考えています。

中村　おっしゃる通りです。私たちが提唱する「市民中心」も運営主体が市民自身であることを含んでいます。

アクセンチュアとしても「ぜひ私たちを利用してください」というスタンスです。上も下なくフラットな関係を保ちながら「これからも利用してください」とメッセージを発信し続けます。

5-3

地方創生に向け「地元大学」の重要性がますます高まる

～会津大学 理事 産学イノベーションセンター長 岩瀬 次郎 氏との対談～

会津若松市に１９９３年に開学した会津大学は、国内唯一のコンピュータサイエンスの公立大学である。コンピュータサイエンスの研究・教育にとどまらず、産学連携によって産業振興や地域経済に大きく貢献している。同大の岩瀬 次郎 理事はＩＴ関連企業から転身し、同大の産学連携を牽引している。地方創生に向けては、地元大学が果たす役割はますます重要になっていく。

中村 彰二朗（以下、中村） アクセンチュア・イノベーションセンター福島 センター長の中村 彰二朗です。岩瀬先生は、会津大学の「産学イノベーションセンター」のセンター長であると同時に「災害復興センター」のセンター長でもあります。産業界との連携や震災復興に向けた取り組みのリーダーであり、会津若松市のデジタル化におけるアカデミアからのブレーンでもあります。岩瀬先生が会津若松市に来られて、もう11年になりますね。

岩瀬 次郎氏（以下、岩瀬） そうですね。会津若松市に来てからは大学の教職員用宿舎で生活していますが、この宿舎も会津大学の特色の一つです。海外から優れた教員を招聘するには、宿舎や福利厚生が整備されていることが不可欠な条件だからです。

会津大学は、日本の公立大学としては教員に占める外国人の割合がトップです。実に教員の4割が海外から招いた教員です。家族で来日される教員もいますので、生活基盤を準備してお迎えしています。

写真5-4 会津大学 産学イノベーションセンター長 兼 災害復興センター長の岩瀬 次郎 理事（左）と中村 彰二朗

中村　優れた先生方を招聘するには、やはりインフラが大切なのですね。企業誘致の参考になります。

岩瀬　特にコンピュータサイエンスは米国を中心に海外が先行していた分野ですから、海外から教員や研究者を招くことの重要性は建学前からきちんと認識していました。初代学長である國井 利泰 先生のグランドデザインや先見性の賜物です。

産学連携は地元行政や地域貢献とセットで考える

中村　会津大学は、学内に産学イノベーションセンターを構えるほど「産学連携」を重視しています。具体的にはどのような取り組みを重視されているのでしょうか。

岩瀬　大学は教育と研究を二本柱とする機関です。一方で、産学連携や地域貢献も大学がなすべき仕事だと考え、会津大学は、それらを強く推進しています。

ＩＣＴ分野は他の理工学分野と比べ、大型機械や装置を必要としません。サーバー類は別にしても、ＰＣやワークステーションさえあればプログラミングなどは実行できます。ＩＣＴはもともと、産業との結びつきが強い分野ですから、会津大学では積極的に産学連携に取り組んでいるのです。

産学連携においては地域行政との連携も重要です。そのため私たちは「企業との連携」と「行政との連携」をセットでとらえています。たとえば、実用化したいアイデアがある場合、実証実験が不可欠ですが、その実証実験にはフィールドが必要です。会津大学が会津地域を実証フィールドにしたいと考えることは自然な流れです。

とはいえ市内をフィールドにするには、さまざまな調整が必要です。自ずと行政との関わりがキーになります。そのため会津大学の産学連携においては、会津若松市にも最初から関与いただくケースが多いのですが、大学・企業・行政がセットであることは、いわばデフォルト設定なのです。

中村　一口に「連携する企業」といっても、東京に本社がある大企業から、会津地域の地元企業まで、さまざまだと思います。両者に違いはありますか？

岩瀬　共同研究などのお話をいただく際に区別することはありません。大切なのは事業や連携が成功することです。

傾向としては、首都圏の大企業からの相談が多いですね。しかし大手ＩＴ企業と私たちが協業する際は、なるべく地元企業にもチームの一員として参画していただくようにしています。たとえば「ソフトウェア開発のこの部分は、会津若松市内のこの企業が強みを持っている」というような形でマッチングを図ることで、地場産業が広がることを意識しています。

中村　産学イノベーションセンターは地域にとっても重要な役割を担っているんですね。

リアルデータを求める研究者との協業が深まる

岩瀬　そうですね。産学イノベーションセンターが入居する先端ICT拠点施設「LiCTIA」には、私がセンター長を兼務する復興支援センターも入居しています。両センターで合計6人の専任教員がいます。この規模の大学で産学連携の専任が6人もいるというのは高い比率です。産学連携教員は、産学連携の需要に応じて柔軟に対応できるよう、通常の教員よりも授業や研究の責務を低く設定しています。

6人のうち4人がICT関連企業の出身であり、実務や研究の経験者です。2人は国からの出向で、うち1人は国の事業の提案企画やマネジメントを担当しています。もう1人は知財の専門家です。AI（人工知能）やIoT（モノ

写真5-5 会津大学の外観

のインターネット）の研究開発においては、知財をどう扱い、どう活用するかが重要です。

私自身は、産学連携と地域貢献を担当する役員という位置付けですが、現場が好きなタイプなので、さまざまな現場に参画しつつ、特にスケールの大きいプロジェクトでは、自らもプロジェクト管理などを手がけています。

アクセンチュアには本学が取り組む人材育成において、データサイエンティストの育成で協力いただだいています。講座は非常に好評です。

中村　ありがとうございます。アナリティクスやサイバーセキュリティなどの分野はニーズが高まっており、人材不足が懸念されています。旧来のプログラミングスキルを持つ社会人が新しいニーズに適応し、職種転換していくためにも、データサイエンティストの育成に向けた取り組みが必要だと感じていました。

　学生向けのデータサイエンティスト講座も担当させていただいています。単位が取得できるゼミ形式のものを週1回のペースで開いています。

岩瀬　アクセンチュアの講座を選ぶ学生数は、他のゼミよりも多く、人気講座になっています。本学にも統計学の専門家やビッグデータ解析の有識者は在籍していますが、アクセンチュアのエキスパートには実務経験があります。実ビジネスに基づくデータ分析を学べることは学生にとって非常に有意義です。

　こうした連携は研究者にとってもチャンスです。研究者はリアルデータを求めているからです。昨今は、リアルデータを持つ企業と研究者がタッグを組まなければ前進しない研究分野が非常に増えています。これは、その研究者に付く大学院生などにとってもメリットです。そのテーマで論文を書くことができますから。

会津大学では英語と日本語を公用語としてドキュメントや論文を英語もしくは日本語と英語の両方で作成します。こうした国際性の高さが、大学ランキングの高評価という結果につながっています。

中村　会津大学の「産学連携クラウド」も、地域貢献として高く評価されています。

岩瀬　現状では、日本に関するデータの多くが海外のデータセンターに保存されています。ヨーロッパでは「データは国内（EU域内）に置く」ことが法制化されました。日本もいずれ追随するでしょう。また日本ではデータセンターが首都圏に集中しており、リスク分散の視点からも是正しなければなりません。

医療データなどプライバシー度の高いデータは公的な場所にあるべきという議論において、公立大学がクラウドセンターを持っていることは意義のあることです。

中村　クラウドも使い分けが重要ですね。地域ポータルの「会津若松＋（プラス）」では、プライバシー度が低い情報はパブリッククラウドでよいと考えていますが、機密情報はセキュアなプライベートクラウド環境が不可欠です。そうしたハイブリッド環境を構築するなど、選択肢を持っていることが、この地域の特色だと思います。

産業振興こそが会津大学の復興支援における役割

中村　ところで震災以前と以後で、会津大学や岩瀬先生が感じていた課題に変化はありましたか。

岩瀬　震災以前から福島県では、人口流出・産業衰退という日本全国の地方都市に共通する課題に直面していました。そのため私たちもＩＣＴ分野での産業振興というテーマを意識していたのです。

ＩＣＴは各産業における基盤です。一方で「ＩＣＴでの産業振興」には実感が湧きにくいというジレンマがあります。

中村　ＩＣＴのサービスは形がなく目に見えにくいため、つかみどころがない印象を持たれやすいですね。

岩瀬　そうです。そして２０１１年に震災が起こりました。会津大学は放射線医療に強いとか、原子核工学などの分野を持っている大学ではないため、復興に直接的な貢献ができません。多くの議論を経て「ＩＣＴに関連した産業振興こそが、復興において私たちが担当する領域だ」という結論に至りました。

産業振興の根幹は雇用の創出です。ＩＣＴ産業は常に成長産業として続いてきましたので、私たちが企業と連携することは、福島県の復興のためになると考えています。本学の復興支援センターと産学イノベーションセンターが同一の施設内にあり、その両方のセンター長を私が兼任している理由は、そのためです。

中村　産学連携と復興支援が地続きなのですね。

岩瀬　おっしゃる通りです。会津大学は卒業生の就職率が100％に近い。しかし8割近くは首都圏の企業に就職します。もちろん本学はグローバルレベルで活躍する人材を輩出することを理念としていますので、福島県内での就職を優先的に斡旋しているわけではありません。とはいえ、福島県内に受け皿となる企業が増えれば雇用が生まれ、県内での就職を選ぶ卒業生も増えるでしょう。それによって人材流出と人口減の解消に少しでも貢献できると考えました。

中村　アクセンチュアが会津若松を訪問したのも震災直後の時期でした。

岩瀬　県内は当時、非常に混乱した状態にありました。多くの企業から数々の支援をいただきましたが、企業からの支援の多くはCSR（企業の社会的責任）の一環である中で、中村さんは「復興のために事業進出を考えている」と言われました。

アクセンチュアの拠点進出は当初イメージが沸かなかった

岩瀬　拠点を構え、人を配置することは並大抵のことではありません。私たちとしては正直、期待半分でお話を聞いていたのです。なぜならアクセンチュアはグローバル企業ですし、工業製品の工場などを持っているわけではありません。そのアクセンチュアが会津若松市にオフィスを持つというイメージが、なかなか湧かなかったからです。

ところが大学正門の向かい側に実際にオフィスを用意し、人材もアサインすると聞いて、その本気度の高さに驚きました。アクセンチュアの一大決心に感銘を受けました。

中村　私自身、東北地方の出身ですし、会津若松市に骨を埋める覚悟で福島イノベーションセンター（現アクセンチュア・イノベーションセンター福島＝ＡＩＦ）を設立しました。住民票も会津若松市に移しています。

岩瀬　個人レベルであっても、なかなかできない決断ですね。中村さんやＡＩＦのみなさんはＩＣＴという言葉を私たちと同じプロトコルで会話できる方々です。同じ用語・文脈で戦略やプランニングをすぐに共有できるので、いろいろな議論を素早く、かつ濃厚に行えます。

アクセンチュアは地元企業や行政とも幅広くコーディネーションしているので、具体的な案件が始まり協業が本格化するのにそれほど時間はかからなかったことをよく覚えています。

会津若松のスマートシティプロジェクトは当初から産官学連携

中村　本書の一大テーマは「なぜ会津若松市はデジタル化を受け入れたか」です。会津若松市役所の白岩課長と岩瀬先生、私の３人で会津若松復興のＡs-Ｉs（現状）を調査し、何をすべきかを徹底議論しましたね。議論の翌週には私たちがドキュメント化した「まとめ」を持ってきて再び議論です。

その過程でＩＣＴを活用する復興計画が具体化していきました。会津大学の産学イノベーションと同様に、会津若松スマートシティプロジェクトも最初から行政との連携を前提に発足しています。

その後、市長を本部長とするスマートシティ推進協議会が発足したとき、岩瀬先生と私はアドバイザーとして参画しました。振り返ってみれば、復興支援という目的と、Ｈｏｗの部分、あるいはツールとしてのＩＣＴ活用にたどり着いたのは自然な成り行きだったとも思えます。


岩瀬　おっしゃる通りです。スマートシティプロジェクトでは「何を目指すか」を明瞭にしてから進めなければ、結果がぼやけてしまいます。

「新しいトライアルがある」ことで市民は変化の兆しを感じ、興味を持ち始めます。次にコミュニティがスマートシティ化を受け入れるためには、「自分（市民）の生活がどう変わるのか？」を具体化して提案し、同時に理解を深めることが必要です。

スマートシティプロジェクトでアクセンチュアは、「コミュニティに浸透する」ための取り組みに尽力していると感じています。

中村　岩瀬先生はご意見番として、ときに鋭く、ときに厳しくご指摘してくださいました。議論を重ねた点が、このプロジェクトの良さだったと思います。

地元企業経営者を巻き込む「AOI（あおい）会議」

中村　会津大学からは「大学発ベンチャー」も非常に増えています。

岩瀬　いわゆる「Iターン」として、卒業生が会津若松市で起業するケースが増加傾向にあります。そうしたベンチャー企業には、大学や市のプロジェクトにパートナーとして参画してもらっています。

会津若松市の特徴的な取り組みの一つに「会津オープンイノベーション会議（AOI：Aizu Open Innovation会議）」の開催があります。常時10以上の会議が平行して開催されており、合計すると年間300回以上開催されています。
議論のテーマは多種多様。具体的なソリューションに結びつくものもあれば、勉強会段階で終わってしまうものもありますが、市民や市内の企業経営者が自発的に取り組んでいることがポイントです。

中村　AOI会議の一つである製造業の生産性向上のプロジェクトでも、その特徴が現れています。「会津コネクテッド・インダストリーズ」の名称で開催している会議では、地域の中小製造業の経営者とともにICT活用を議論しています。中小といっても家族経営規模の会社から従業員が数千人規模の大工場までさまざまです。
企業が単独で大掛かりなプラットフォームを構築してデジタルトランスフォーメーションを実現することは困難ですが、シェアードモデルを作って実現しようと話し合っています。

岩瀬　会津コネクテッド・インダストリーズはいい事例ですね。東京の大企業とは一線を画した、地方都市ならではのスケール感やアプローチ方法だと思います。

中村　会津若松市での取り組みは、日本国内の他都市や、同様の状況にある海外にも適用できるとお考えでしょうか？

岩瀬　適用できると思います。ＩＣＴは目に見えません。だからこそ「現場とのつなげ方」がポイントになってきます。その際、大学のような中立の組織が会議のホスト役を務めることが重要だと思います。

地方大学は実証と実装を繰り返す地方創生の拠点に

中村　地方創生では、その地域の大学の役割が非常に重要です。大学が民間と組んで産業を振興し人材を育成する。会津大学は、会津地域の取り組みになくてはならない存在です。民間だけではできず、行政だけでもできないことが、大学と連携することで可能になります。

特にデジタルシフトのような新時代のための変革においては新たな人材が不可欠ですし、改革後を想定した実証実験が必須です。地方大学は、そのための拠点になります。

「実証から実装へ」というフレーズがありますが、これは不十分な表現だと思います。実証後に実装するのは当然ですが、スマートシティプロジェクトの本質は「実証が終わったら、次の実証が始まる」ことです。常に実証と実装を繰り返すものではないでしょうか。地域が活動を続ける以上、スマートシティプロジェクトは進化し続けるのです。

岩瀬

その通りです。「必要なもの」は次々と出てきます。永続的に「より良くし続ける」ものです。

会津大学としても優秀な人材を輩出し続けられるように努力していきます。会津地域の競争力の向上に必ずや貢献するでしょう。ICTオフィス「スマートシティAiCT」ができたことで、学生が在学中にアルバイトをしたり、卒業後にAiCTに入居する企業に就職できたりとプラスのスパイラル効果も期待しています。

アクセンチュアには産学連携や人材育成における永続的なパートナーとして、これからも力を貸して欲しいと考えています。

中村　ぜひ期待にお応えしたいと思います。

5-4

「市民中心」こそがスマートシティプロジェクトの本質

～会津地域スマートシティ推進協議会会長／スマートシティ会津代表の竹田 秀 氏との対談～

会津若松市のスマートシティプロジェクトでは、目的や役割に応じて複数の組織が組成されている。全体戦略を「会津若松市まち・ひと・しごと創生包括協議会」が策定し、事業企画・協議の段階では「会津地域スマートシティ推進協議会」がプロジェクトを牽引する。事業運営・実施は、民間企業・団体で構成される「一般社団法人スマートシティ会津」が実施する。２０１８年、会津地域スマートシティ推進協議会とスマートシティ会津の幹事会が改選され、それぞれの「会長」「代表理事」に会津地域の中核病院の一つである竹田綜合病院が就任した。竹田 秀 氏は同病院の理事長である。

中村 彰二朗（以下、中村） アクセンチュア・イノベーションセンター福島 センター長の中村 彰二朗です。会津地域の地方創生に取り組んできた「会津地域スマートシティ推進協議会（以下、推進協議会）」は、2012年の発足から7年が経ちました。この間、多くの参画者の手によって、数々の取り組みが形や成果になって現れました。

その中で推進協議会の役割は、プロジェクトの事業企画と協議の担当ですが、それは自治体や大学だけが牽引するものでも、特定の企業が主導権を持つものでもありません。地域全体が参加し、産学官の各分野から代表者が集まって取り組んでいくからこそ協議会という形式を採っています。

市民参加のヘルスケアプロジェクトが最も重要に

竹田　竹田 秀（以下、竹田）　竹田健康財団 竹田綜合病院の竹田 秀です。このたび、協議会の２０１８年の代表選出で、推進協議会の幹事会・会長と、２０１８年３月に設立した一般社団法人スマートシティ会津（以下、スマートシティ会津）」の代表理事を謹んでお受けしました。

中村　ご快諾いただき、誠にありがとうございます。スマートシティの取り組みにおける喫緊の課題の一つは医療費などの社会問題です。会津地域で創立91年の伝統を持ち、東北地方における病院界のキーパーソンでもある竹田綜合病院の竹田理事長には、推進協議会・会長とスマートシティ会津・理事長として是非、プロジェクトを推進していただきたいという思いは、協議会メンバー一同、共通の願いでした。

竹田　たしかに日本の医療現場では、個人情報保護法などの兼ね合いもあり、デー

写真5-6 竹田健康財団 竹田綜合病院 理事長で、会津地域スマートシティ推進協議会 幹事会会長とスマートシティ会津 代表理事を務める竹田 秀 氏（右）と中村 彰二朗

タ利活用のハードルが非常に高いのが現状です。一方で推進協議会は地域の任意団体のため、これまで、データの取り扱いにあたっての責任範囲の線引きが十分とはいえませんでした。今後の活動のためには、法人格を備えた組織が運営するほうが社会的信用もあります。個人情報管理の面でも意義があると思います。

中村　はい、法人格を持つスマートシティ会津を立ち上げ、その代表理事を竹田さんに引き受けていただいた背景には、竹田綜合病院は院内に「個人情報保護委員会」を設置しているなど、個人情報やデータを厳格に管理されています。そうしたデータ管理やガバナンスを竹田さんから学びたいということがありました。

ＩＣＴオフィス「スマートシティＡｉＣＴ」が開業し、新規ビジネスを展開していくうえでも、法人格をもつ組織が取り組むほうが展開しやすいという利点もあります。そうした点が、推進協議会とスマートシティ会津の棲み分けであり、役割分担でしょう（**図5-1**）。もちろん、産学官の連携が基軸になることは両組織に共通しています。

地域の発展に再投資する「ローカルマネジメント法人」モデルを採用

中村　あえて追加すれば、スマートシティ会津は地域の活性化を目的とする法人であり、活動によって得た収益は会津地域の発展のために再投資するモデルの組織です。米国ではこうしたモデルを「ローカルマネジメント法人」と呼び、地域開発の牽引役になっています。そのモデルを私たちも採用しました。

スマートシティは根本的に“市民中心”の取り組みです。プロジェクトとし

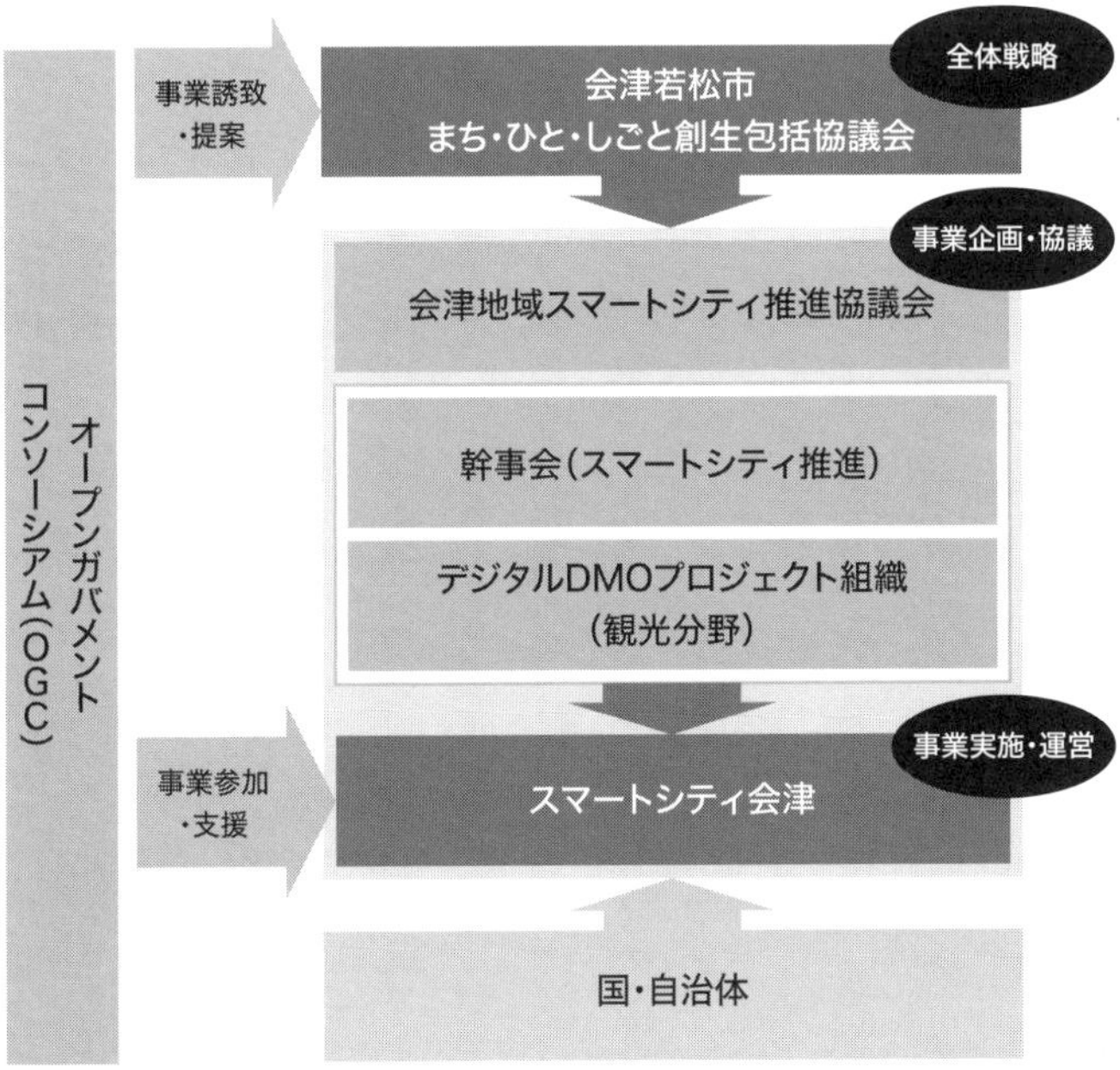

出所：アクセンチュア

図5-1 会津若松市のスマートシティプロジェクトの推進体

て事業ごとに主導する組織がそれぞれあるにせよ〝中心〟は常に市民でなければなりません。市民を取り巻く形で病院や学校、自治体、企業がある構造であり、その基盤となるＩＣＴプラットフォームを通じてデータが流通するのです。

市民は医療データを自身の主治医を介して病院に預けています。さらに65歳以上の市民は健康データを市町村に提供しています。データの発生源はすべて市民であり、市民自らが主導することが重要です。これに対しローカルマネジメント法人は、市民をどうサポートしていくかを考え実行していく組織です。地方創生に向けて地域全体が責任を持つように、地域全体をコネクテッドしていくことも、スマートシティプロジェクトが目指す姿の一つでしょう（**図5-2**）。

会津若松のスマートシティプロジェクトでは、業種・業界の垣根を超えた取り組みが同時並行的に進んでいますが、その中でヘルスケア関係の取り組みは、どのように見ておられますか。

竹田　ヘルスケア関係の取り組みは現在、「モデル事業」として限定的な枠組みで

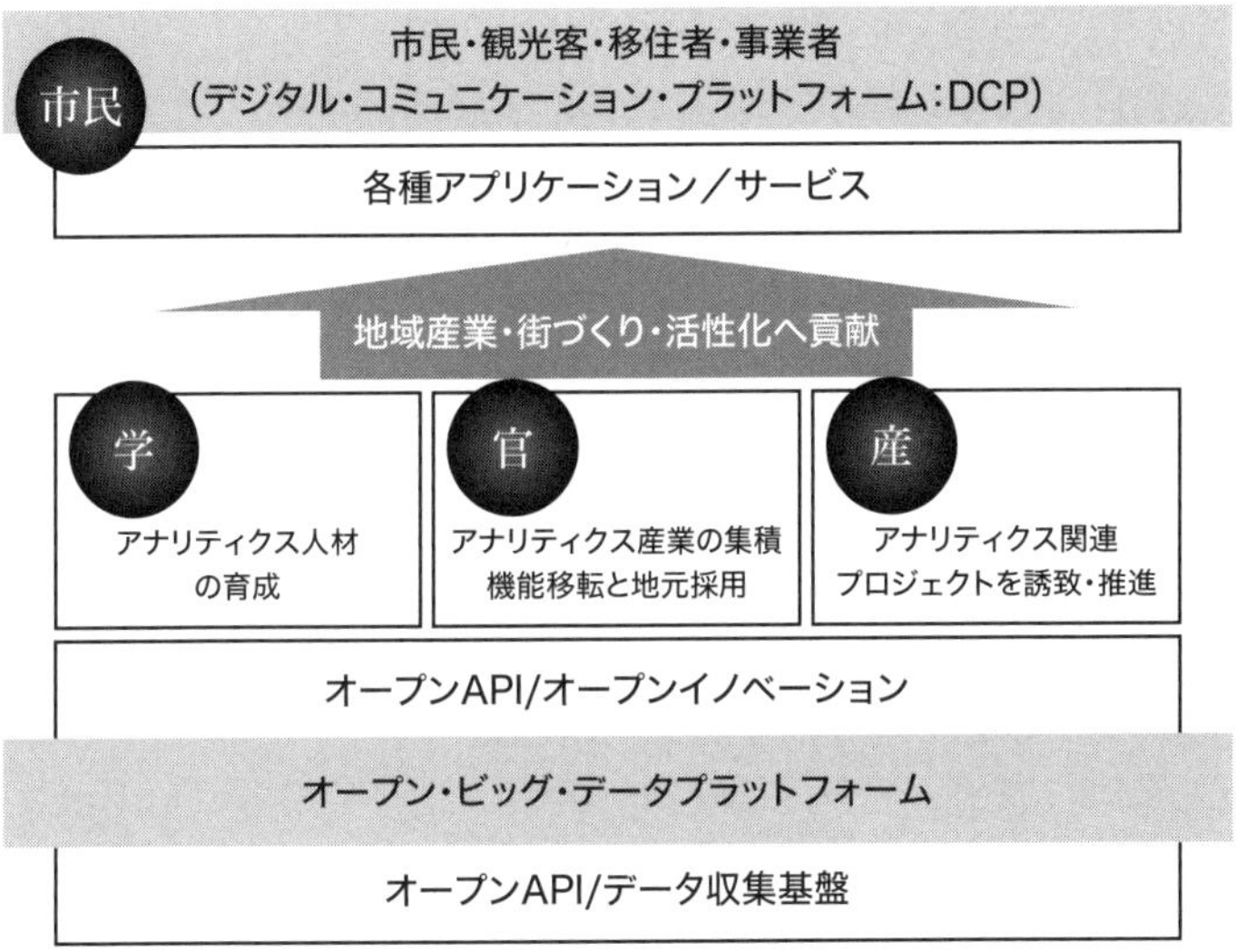

出所：アクセンチュア

図5-2 市民を中心としたスマートシティの全体像

展開されています。今後どのように展開していくのか、運営コストを誰が負担するのか、どのようなビジネスモデルによって収益化するのかなどが検討課題です。

中村　モデルを展開していくうえでは、まず予算の問題が挙げられます。行政がデジタルシフトすれば、会津若松市の予算規模の場合、数億円単位でコストを削減できます。

自治体・国の費用抑制といった〝目に見える成果〟が出るまでには少し時間がかかります。ですが、先進的なヘルスケア事業によって予防医療が進めば、確実にコスト削減効果が得られます。浮いたコストは協議会の運営費に委託したり、外部の産業育成に利用したりという再投資が可能になります。

医療関連データを扱う事業は〝三方善し〟でなければ継続できない

竹田　そうですね。そして、この事業のキーポイントは「データ」です。

中村　視点をデータに向けると、ヨーロッパのメディコンバレーでは、収集された医療データを創薬メーカーが研究に活用しています。データそのものが価値を持つだけに「データ提供」というビジネスが成立するのです。

私たちの議論の根底にあるのは〝三方善し〟の考え方です。もともとは、「売り手善し、買い手善し、世間善し」という近江商人の心得として知られる言葉です。それを私たちは「市民に善し、社会に善し、産業振興に善し」として、市民と、自治体・国、そして医療界・産業界の三つのグループそれぞれが恩恵を受けることが、スマートシティにおける三方善しだと考えています。

市民はデータを提供することで予防医療にシフトし、健康長寿や自分の健康状態にマッチしたメニューの保険加入、場合によっては保険料の軽減などのメリットを得ます。予防医療によって国・自治体は医療費が削減できますから、これは直接的な社会貢献だといえます。そして医療界・産業界では、薬品メーカーや研究機関がデータを活用して創薬ビジネスなどを発展させます。このような互恵的なビジネスモデルでなければ継続性を維持できません。

ところが、これと似たようなヘルスケア関連のモデルでありながら市民本人の意思でデータを提供していないオプトアウトモデル（拒否の意思表示をしない限りデータの提供に同意したものとみなす）では、プライバシー保護の観点から本人が特定されるデータを削除して収集しています。そのため「統計的な分析は可能だが、データ提供者へ還元されることはない」という問題点があり、データ活用にことごとく失敗している例もあります。

データの提供が継続的でなくなり、結果的に「提供時点データ」に基づく断面的な分析しかできない。データ提供者である市民一人ひとりが、どのようなライフスタイルを持っているのかという情報がなければ、包括的なヘルスケアのデータ分析は実現しません。海外で主流だったオプトアウトモデルには限界があったのです。

会津若松市ではオプトイン（提供者が同意・承諾した場合にのみデータを提供する）モデルに取り組んでいます。市民参加のハードルは高いのですが、市民側の意思をきちんと確認できるオプトインで進めていこうという点に、「市民中心」の会津若松市での事業の特長が表れていると思います。

オプトインモデルでは、「こういう目的・用途で、こういうデータを取得します」ということを市民に説明します。「データを提供することで、市民の側にはこのようなメリットがあります」「このデータを社会の発展のために活用します」といった内容に納得したうえでデータを提供するという国民性を日本に根付かせたいですね。

竹田　まさにポイントは市民に広めていくことです。バイタルデータを蓄積することで、疾病を早期に察知したり健康増進に役立てたりといったことを実現したいと考えています。具体的な事業としては、保険企業や健康保険組合などがサービスに取り入れる動きがあるかもしれません。

こうしたことを一つずつ社会に浸透させ、市民に〝新しい当たり前〟として定着するまで続けたいと思います。

人口減少社会の課題解決に向けヘルスケアとICTが融合する

中村　そもそも会津若松スマートシティプロジェクトの背景には、会津地域だけでなく日本全国の地方都市が抱える共通の課題がありました。

竹田　現在の日本が抱える最大の問題は、人口減少社会に直面していることです。

地域の消滅可能性を指摘した『増田レポート』（日本創成会議・人口減少問題検討分科会、『成長を続ける21世紀のために「ストップ少子化・地方元気戦略」』、２０１４年）がもたらした衝撃はあまりにも大きいものでした。

人口減少の課題をいかにして克服するか。私は以前から、ヘルスケアとＩＣＴの二つが基軸になるだろうと考えていました。会津地域のＩＣＴ関連企業が集結し、その地域の活性化活動に取り組むことは、人口減少に歯止めをかけるために非常に重要なことだと認識しています。

そのお手伝いを志し、推進協議会の幹事会の会長とスマートシティ会津の代表理事をお引き受けすることにしたのです。

私はかつてＩＣＴ関連企業に勤務していたこともあり、データ管理と情報システム開発の経験がありました。医療分野でも電子カルテなどＩＣＴの活用が一般的です。今日ではヘルスケアとＩＣＴは融合しつつあるとも言えます。

スマートシティ会津の発足以前から、アクセンチュアとはヘルスケア分野で協業してきました。ウェアラブルセンサーを使ってバイタルデータを収集し、医療的アドバイスを提供する事業です。

中村　２０１６年のプロジェクトですね。総務省、会津若松市、そして竹田綜合病院や私たちが参画し共同展開した事業です。

　今後、病院経営をデジタル化し、ＱＲコード決済などが実用化・普及すれば、会計待ちがなくなり、来院者の利便性が格段に高まります。診察が終われば、そのまま帰宅でき、処方箋データを薬局に送信することで薬が宅配便で自宅に届くといった新規事業にも発展させたいですね。そうしたメリットが具体的な形をもって体験できるようになれば、市民の参加は加速するでしょう。

　電子カルテへの入力作業も、ＡＩ（人工知能）の活用や音声認識・音声入力の実現を目指しています。医師を入力作業などの事務から解放し、患者一人ひとりと向き合う時間を少しでも増やせれば、より良い医療や、医師の効率的な働き方の実現をサポートできると考えています。そうした利便性を含めて参加をうながすことがプロモーション的には重要です。

竹田　スマートシティ会津の企業会員は、必ずしもＩＣＴ関連企業だけではありません。他業界の企業も多数参加しています。ＩＣＴをユーザーとして利用する立場の企業にも、ぜひスマートシティ会津の会員企業になっていただければと思います。

企業間格差を「コネクテッド」が是正する

中村　竹田綜合病院は地域の中核となる大規模な総合病院です。メーカーなども足繁く通ってきています。ところが地方都市の中小企業に新しい提案が持ち込まれることは滅多にありません。

日本では、大企業は大企業同士、中小企業は中小企業同士で付き合っている。それ自体が悪いということではありませんが、大企業にはグローバルな最新情報が提供されやすい一方で、中小企業には、そうした情報は届きにくい。格差を解消するはずのＩＣＴ分野にさえ格差が生じている。こうした実情を私たちは問題視しています。

２０１９年４月22日にＩＣＴオフィスビル「スマートシティＡｉＣＴ」がオープンし、名だたる企業が入居してくれれば、彼らが市内のあちらこちらの交流事業に参加する。そうなれば会津地域の市民や事業者は、地元にいながらにして世界のトップ企業と接点を持ち、世界の先端事例に触れられます。これまで、そうしたことができたのは、日本では東京と大阪などに偏っていました。世界的な企業との接点は、会津若松が手に入れる大きな財産だと私たちは考えています。その価値に市内各産業の関係者が気づき始めています。コネクテッドになり、デジタル化に縁遠かった地元企業がつながっていく。それは会津地域にとって大きな付加価値です。

ＡｉＣＴの誕生は、その第1ステージ。ここまでの段階でも、スマートシティを実証でき、人も増えるという成果が得られました。重要なのは、これからの第2ステージです。地場企業がどうコラボレーションし新産業を創出するか。これからワクワクするところです。

竹田　全くその通りです。私も、推進協議会とスマートシティ会津の代表者として事業を一つひとつ推進していきます。

それと並行して、本業である病院の立場として、医療・介護福祉というヘルスケアをきちんと提供し続け、総合的に地域の方々が安心して暮らせるまちづくり、地域づくりをお手伝いしたいと考えています。

スマートシティは終わりなき道のり、会津若松を世界が注目する場所へ

中村　日本は超高齢社会を世界で最初に経験します。その日本を追うようにアジア諸国も高齢化社会に突入していきます。これは日本にとっての好機ととらえるべきだということを強く訴えています。
日本の課題が凝縮した会津地域には実証フィールドがあります。直面している現実問題や社会課題をみんなで解決していくことで新しい産業が生まれ、次の成長や発展に寄与します。アジア諸国では数年後、そうした日本の経験を必ず参考にするでしょう。会津地域から、それらの情報を発信していきたいと思います。

竹田　日本が得た知見やソリューションをパッケージにして海外に輸出する。ノウハウを提供することでビジネスを展開する。そうしたアウトバウンドの仕組みが今後のテーマの一つになるでしょう。市民を中心に、行政・企業・大学のコラボレーションを実現し続けていきましょう。

中村　スマートシティは「完成」や「終わり」があるプロジェクトではありません。一つの実証ができたら、会津からほかの地域に展開（実装）し、会津では次の実証が始まる。そうして永続的に改善を続けていくものです。人が入れ替わったり代替わりがあったり、地域が変遷していく以上、スマートシティの取り組みにもゴールはありません。

ハードウェア面での大規模開発は徐々に収束していくかもしれませんが、中・小規模のサービスは、その時期のニーズに応じて開発し提供していくものです。会津地域が常に先端サービスの「発祥の地」「実証を行う場」になれば、3カ月に1度くらいのペースで新しいサービスがアジャイル的に生み出されるでしょう。

ベンチャー企業が生まれたり、会津大学の学生が起業や就職をしたりといったことが続いていくことが予想されます。データ活用の実証フィールドが整っている会津地域から新しいサービスが生まれ、そして全国へと広がっていけばよいのです。そうした取り組みを、私がセンター長である限りやり続けます。

会津若松市の取り組みは日本国内で注目されてきました。今後は、まずはアジア各国から、そして世界中から注目され、私たちのノウハウが広まっていくと予測しています。その過程において日本のポジションも明確になると考えます。そうした取り組みを理事長や関係各所と連携しながら進めていきたいと思います。

竹田　アクセンチュアには二つの役割を期待しています。一つは行政や大学、企業を結びつけるコーディネーターとしての役割。もう一つは会津から世界へ向けた情報発信基地としての役割です。会津地域のステータスを高め、日本の課題解決への寄与に尽力してください。

5-5
会津若松だからこそ見える日本と世界の動き

～アクセンチュア・イノベーションセンター福島 座談会～

会津若松のスマートシティプロジェクトにおいて重要なテーマの一つが、次世代を担うデジタル人材の育成と地元への定着である。アクセンチュアの会津若松市拠点である「アクセンチュア・イノベーションセンター福島（Accenture Innovation Center Fukushima、以下ＡＩＦ）」に在席する若きデジタル人材の意識や働き方について聞いた。

写真7 座談会に参加したアクセンチュア・イノベーションセンター福島の中村彰二朗センター長（左）と若きデジタル人材たち。中村の隣から中山 裕介、グェン　チュ　ハン、諏訪 七海、齋藤 政志。中村はJターン、齋藤はUターン、他の3人はIターン組

「アクセンチュア・イノベーションセンター福島（Accenture Innovation Center Fukushima、以下ＡＩＦ）」は、会津若松市のスマートシティプロジェクト推進を支援するための拠点である。現地に拠点を構えてすでに7年が経過した。

ＡＩＦの特徴は、地元密着の拠点として、市の政策や大学と関係を築き、地域連携で化学反応を起こしていく〝触媒〟的な特異性を持つことだ。もちろん、国内外のシステム開発業務やデータ分析業務の一部も担当している。

〝データに基づくスマートシ

ティ〞を掲げる会津若松市にあってＡＩＦは、会津大学と連携したデータに強いデジタル人材の育成・定着拠点でもある。全国各地から若い人材が、ここＡＩＦに集まってきている。ＡＩＦセンター長である中村自身、宮城県の出身であり「Ｊターン人材」だ。

中村 彰二朗（以下、中村） アクセンチュア・イノベーションセンター福島センター長の中村です。私は、ＡＩＦを福島に立ち上げる構想段階から携わり、ＡＩＦ設立と同時に会津へ移住してきました。宮城県出身なので「Ｊターン」組ということになります。今日までセンター長として勤務していますが、ＡＩＦは、なによりメンバーの平均年齢が若く、アグレッシブですね。みなさんがＡＩＦに参加された経緯や現在の役割などを教えてください。

齋藤 政志（以下、齋藤） 会津若松市の出身です。高校卒業後に上京し、大学、就職と、ずっと会津を離れていました。アクセンチュア入社後も、しばらくは首都圏で仕事をしていましたが、２０１５年にＡＩＦに異動しました。現在は開発担当責任者としてＡＩＦの拡充に携わっています。

実証実験をクイックに実施できるコンパクトシティ

齋藤　私が生まれた会津若松市は、人口約12万人の典型的な日本の地方都市の一つです。そんな地方都市にアクセンチュアのような外資系の大企業が拠点を構えることは世界的にもまれです。

しかし、実証実験のフィールドという観点では、日本で初めてコンピューター理工学に特化した会津大学を持ち、ステークホルダーとの距離が近く、産学官連携が緊密です。さまざまなチャレンジをクイックに実施できるコンパクトシティでもあります。私の故郷がデジタルをテコに元気になること、その取り組みに携わっていることをとてもうれしく思っています。

諏訪　七海（以下、諏訪）　私は北関東の出身ですので、「Ｉターン」組になります。現在は、ＡＩＦの業務の柱の一つであるシステム開発（ＳＩ：System Integration）案件に参画しています。齋藤さん同様、ＡＩＦは行政や、市民、大学、企業のいずれとも距離が近いことを実感しています。

中山 裕介（以下、中山） 私は沖縄の出身ですが、会津大学で学びました。卒業後、2016年にアクセンチュアに入社し、ここAIFの勤務を希望。沖縄起点だと「Iターン」組になります。SI案件のほか、実証実験のプロダクト開発にも携わっています。

AIFはベンチャー気質が特に濃厚だと思います。会津若松では市をあげてデジタル化やオープンデータ化、ICTのコミュニティ活動に取り組んでいます。AIFが得た知見を「会津から日本全国へ」「会津から世界へ」と発信し、横展開できることにやりがいを感じます。

グェン チュ ハン（以下、ハン） 私はベトナム出身です。夫が会津大学で働くことになったのをきっかけに会津に来ました。引っ越す前に知人から「会津は発展が期待できない田舎ですよ」と聞かされていたのですが、AIFが実行している戦略やスマートシティ関連プロジェクトは最先端そのものです。

ベトナムは世界で15番目に人口の多い国ですし、ドイツの「Industry 4.0」などにも非常に注目しています。AIFの取り組みを海外展開する仕事にも携わりたいと期待しています。

少子化、人口流出の処方箋は「ワクワクする仕事の創出」

中村　みなさんが感じているように、地方都市の課題解決に向けては、そこで若者が働きたくなるような〝ワクワクする仕事〟が不可欠です。そうした魅力的な仕事の創出に向けて、経営層や地方拠点の責任者が全力を挙げる必要があります。

短日・短時間勤務といった柔軟な勤務制度を用意している企業でも、実践的に運用できているケースは稀。お子さんの学校行事に親が仕事の都合で行けないなどの現実を改善するなど、働き方改革によるＱｏＬ（Quality of Life：生活の質）の向上も重要です。

私自身、東京では、地方の実情が非常に見えにくくなる現実を日々強く実感しています。日本を訪れる外国人観光客の数は右肩上がりですが、地方自治体の受け入れ体制は十分に整っているとはいえません。

たとえば、クレジットカードや電子決済が世界中で急速に普及・拡大していますが、会津若松市でクレジットカードが使える場所は、まだ30％強です。外国人観光客増加による経済効果を十分享受できているとはいえません。
デジタル化は本来、地方でこそ真価を発揮します。しかし日本では「デジタル＝若者向け・都会的」といった思い込みがあるのではないでしょうか。少子化や東京一極集中問題、格差の拡大、アセットや資産の老朽化問題の改善にデジタル技術が活用できます。その改善は地方経済のテコ入れになり、ひいては日本社会全体の底上げに貢献します。

諏訪　私がアクセンチュアに入社し、会津への配属を希望した理由もまさに、会津で展開しているアクセンチュアの仕事が面白そうだと〝ワクワク〟したからです。ここには、同じような気持ちを持つ人が自然と集まってくるのではないでしょうか。

ハン　同感です。私の夫が勤めている会津大学は教員の約4割が外国人です。ただ、その配偶者に適した仕事が地元に少ないため、しかたなく自宅で家事が中心の生活をしている人もいます。私はデータ分析業務を担当していますが、専門知識を持つ人材が活躍できる場が、もっとあれば良いのにと思います。

中村　1972年に田中 角栄 氏が唱えた「日本列島改造論」では、本社機能を首都圏に、地方には工場を配置する〝垂直型〟の国づくりが進められました。ですが、東京と地方の格差を縮めるには、フラットな「地方創生」を進めていくべきです。

昨今は、東京でやる必要のない業務まで東京で処理しています。地方創生には人口の転出を減らし、転入を増やさなければなりません。デジタル技術はロケーションの優劣もなくしますから、大企業の支社・支店のピラミッド構造をフラットな組織へと変革できます。

私たちが会津若松市で実践してきたモデルを参考にする地域もすでに出始めています。ビジネスにおいて「仕事があるところに拠点を構える」のは当然ですが、受け身では〝ワクワクする仕事〟は作れません。民間企業が自主的に動いて地域の大学などと相互補完しながら、その地域にあった産業を創出し、新しい仕事を作る方向にビジネスを転換することで企業の地方展開は加速すると考えています。

齋藤　会津若松市も高度成長からバブル期までは企業城下町として非常に栄えました。しかしテクノロジーシフトの波は産業構造を変え、地場産業も容赦なく襲いました。新しいやり方を考え実践しなければ、地方都市経済は立ち行かなくなるという肌感覚があります。

中山　私が会津大学卒業後もここで働き続けることを選んだのは、会津から日本全国へ、会津から世界へと発信する仕事に携わっていけるからです。モチベーションの維持には、そうした動機付けが欠かせないと思います。

中村　2011年の東日本大震災と、人口減少に伴い消滅が予測される市町村を明示した通称『増田レポート』。この二つの衝撃は、行政の首長や大学に大きな危機感を持たせるのに十分すぎるインパクトがありました。企業誘致も労働集約型だけでなく、IT産業などの誘致に積極的にならなければいけない理由が、ここにもあります。

齋藤　２０１９年４月には会津若松市内に５００人規模の新たなＩＣＴオフィスビルが竣工します。ランチ需要など、人が集まることで生まれる経済効果を、周辺商店だけではなく、デジタルの力で地域全体の活性化につなげようという試みも進めています。ローカル版デリバリーマッチングサービスのような仕組みです。将来的には、限界集落などに暮らす「買い物困難者」の日常生活を支援するソリューションにも拡大できると考えています。

海外のスマートシティ事例と肩を並べる会津若松市の施策

中村　サービスの横展開は重要です。会津若松市で始まっているスマートシティのサービスも、将来的には10カ所以上へ横展開できるでしょう。

私が現在、海外のスマートシティへの取り組みにおいて動向を注視しているのは、カナダのトロントと米国のシアトルです。トロントは米グーグルの関連企業、シアトルは米アマゾンが、それぞれのスマートシティ計画を主導しています。

彼らは、デジタルで急成長してきた会社ですが、「単なる〝ビッグデータ〟

では価値を生まず、地域に密着して〝ディープデータ〟を運用しなければ真価は発揮できない」と気づき、2年ほど前から戦略を変更しているのです。
これに対し私たちは、7年前から会津若松市のスマートシティプロジェクトで、地域密着の〝ディープデータ〟に取り組んできました。

ハン　私が担当するデータ分析業務では、市民向けWebサイトのページ遷移や外国人ユーザーの利用動向などを分析しています。これらはすべて、ディープデータの分析ですね。

齋藤　AIFはSI案件と並行して、スマートシティプロジェクトでも、デジタルシフトの潮流を日本全国へ波及させる役割を担っています。会津大学と地元製造業の業界団体、そしてアクセンチュアが連携し、中小企業におけるIndustry 4.0モデルを実装するプロジェクトなども進行しています。AIFそして会津若松市のプレゼンスは確実に高まっていくのではないでしょうか。

中村　会津若松市のプロジェクトも、ディープデータの重要性にいち早く気づき、それを実践してきただけに、トロントやシアトルと肩を並べるスマートシティプロジェクトだと言えるようにしたいと考えています。

産業横断型の実証フィールドとしての会津若松市

中村　スマートシティプロジェクトは公共性が強く、発足時には公共機関の協力が必要です。しかし、民間企業や市民を巻き込まなければ成功には至りません。たとえば会津では70以上の製造業が事業展開していますが、それらの企業同士がつながり、生産性向上へ結びつけていくことが重要です。第４次産業革命に向けて、「Connected Industries」を掲げる日本の施策が、日本全体の底上げに貢献します。

つまり、医療や農業、金融、教育などを連携する産業横断でなければならないのです。産業横断で取り組んで初めて、市民の暮らしを多面的に変革し、多様な市民を巻き込んでいけるからです。

また、モビリティの見直しとなれば自動運転は重要なテーマの一つです。我々のお客様である自動車メーカーとの協業などにも発展するでしょう。そうした「産業横断型の実証フィールド」になるのが会津若松市です。デジタル開発における実証拠点のメッカのような存在になりたいですね。

ハン　専門領域の知見を持つアクセンチュアの他拠点との連携が、ますます密になると思います。私が担当しているデータ分析プロジェクトでは、シアトルのオフィスと連携しながら取り組んでいます。

諏訪　私が担当する開発プロジェクトでは、フィリピンの社員と一緒に仕事をしていますね。

齋藤　企業連携としては、地元のベンチャー企業とのコラボレーションもより活発になってきています。連携のあり方は大きく二つあります。一つは大型システム開発案件などに、我々と同じ立ち位置で参画していただくパターン。もう一つは実証事業系のプロトタイプ開発に積極的に関わっていただくパターンです。
特に後者では、会津にはモバイルアプリの開発に長けている会社や、センサーデバイスや３Ｄ（３次元）プリンターといった先端テクノロジーに精通している会社などに得意領域を生かして参画していただいています。こうしたベンチャー企業との協業が加速しています。

「レトロフィット」型スマートシティの成功事例

中村　スマートシティのプロジェクトには「グリーンフィールド型」と「レトロフィット（ブラウンフィールド）型」の二つのタイプがあります。前者は、真っさらな土地に新しいスマートな都市を設計・建設していくパターンです。後者は、もともとある街の全体をスマート化していくものです。会津若松市は、レトロフィット型に該当します。

レトロフィット型の成功例としては、オランダのアムステルダムの事例が先行しています。オランダでは、現地のアクセンチュアが地元企業と組んでプロジェクトを推進していますが、この事例はかなり参考になりました。その後、アクセンチュアが橋渡し役になり、会津若松市はアムステルダム経済委員会と2013年に連携協定を結びました。

最近は、会津若松市自体が、海外から注目され始めています。タイの「ワンバンコク」というスマートシティプロジェクトのメンバーが視察に訪れた際は、ハコもの作りから入るのではなく、ソフトウェア的に市民サービスの拡充を重視したスタイルが評価されました。海外への展開も見えてきました。

齋藤　ＡＩＦは、机上で語るだけでなく、フィールドで実証できることが強みですね。ものづくりの面でも、アクセンチュアはグローバルな事例を持っており、技術に精通しているメンバーからサポートを受けられます。その強みを生かしながら実証の形で落とし込んでいくことにスピード感と主体性（能動性）を持って取り組めます。実証事業を仕掛ける際に一気に進められるのも強みの一つです。

中村　先に挙げたＧＡＦＡ（Google、Amazon、Facebook、Apple）なども「自ら仕掛けていく」形でスマートシティに取り組んでいます。先端企業に受け身な会社はありません。組織がどれだけ「ワクワクする仕事」を創出できるかがリーダーの役割です。

中山　会津大学の内部でも、面白い流れが生まれ始めています。学生が有志で集まって、テクノロジーやナレッジを共有したり、ライトニングトーク（Lightning Talk：LT）をしたりする場がありますが、そこで意気投合した人たちが事業を立ち上げています。そんな学生を周囲のベンチャー企業や我々がサポートするという流れです。

私が学生時代を過ごしていた頃と比べれば、ベンチャー企業が活躍できる環境が整ってきていると感じます。

諏訪　私も大学教授や学生と対話できる機会に恵まれていると感じます。これはＡＩＦで働くことのメリットの一つです。

齋藤　私の場合、中村さんが言われたようなビッグピクチャー、つまり目的観を我々が持っていることと、仕事との関わり合いにおいて、いかに主体的に動いていくべきかという観点を日常的に伝えることを意識するようにしています。

ＡＩＦは、組織自体が若く、私以外のメンバーは社歴が浅い方が多いだけに、アクセンチュアのＤＮＡを伝える必要があると感じています。ハードウェアスキルでも、アクセンチュア自体がトレーニングの仕組みを整備しています。トレーニングツールを存分に使ってほしいですね。

ハン　私もスキルアップを目標に置いています。社内ツールはもちろん、人脈作りや交流を兼ねて会津大学が開講している女性プログラマ向け講座などを受講しています。

会津では異業種交流を起こしやすい

中村　会津若松に限らず、地方創生に主体的・能動的に取り組むには、日頃から「日本をどうしていきたいのか」という問題意識を持つことが大切です。でなければ大きな仕掛けは作れません。発想を自由に持ちながら仕事をしてほしいと願っています。

会津では「無尽：むじん。商人の相互扶助的組織から発展した信用組合などの原型。現代のコミュニティグループのような存在)」の活動が活発です。私は会津に来てすぐに、五つほどの無尽に参加し、いろいろな業界・業種の人と

写真5-8 磐梯山がアクセンチュア・イノベーションセンター福島の最先端の取り組みを見守る

交流を重ねています。いまでは自ら無尽を主宰しています。

東京で同様のグループを作ろうとすると、同じ業界人の集まりになりがちです。それが、ここ会津では、異業種交流を起こしやすいですね。みなさんは、地元の方との交流を含め、オフタイムをどのように過ごしていますか。ワークライフバランスへの意識も教えて下さい。

齋藤　休日には会津のイベントに参加したり、地元企業や大学生とのディスカッションの場に顔を出したりと積極的に交流を図っています。

会津に来るまでは、製造業に向けた大規模デリバリーを担当してきましたが、ここでは過去に経験したことのない仕事が多数あります。組織を育てたり人を増やしたりと泥臭いことにも携わっています。「新しい企業を立ち上げる」といった経験にほかならず、アクセンチュアでなければできなかった体験だと思っています。それに、家からオフィスまでドア・ツー・ドアで10分程度という環境は、以前では考えられませんでした。

諏訪　オフタイムは、他のメンバーと一緒に過ごしたり、カフェ巡りや紅葉を求めて散策したりと楽しんでいます。

メンバー間の相互作用で経験と知識が高まっていく

諏訪　AIFのメンバーは、仲が良いと思っています。業務時間外でも知識がどんどんシェアされますし、尖った技術を持っている人も増えており、経験と知識量が高まっているのが実感できますね。

ハン　オフタイムは家族4人で過ごしています。郊外でキャンプをして遊んだり、ガーデニングをしたりしてリフレッシュしています。年に1度、2週間ほどの休暇を取って母国に帰国し実家を訪ねることもあります。今では子供も随分と大きくなりましたが、入社当時は下の子が幼稚園児でしたので、時短勤務を大いに活用しました。

中山　実は私は、週末もテクノロジーやプロダクトのことを考えています（笑）。学生時代の同級生とルームシェアをしているのですが、その彼と、ものづくりやデジタル技術の話をすることが多いですね。アウトドアでリフレッシュしているときも、頭の中はテクノロジーのことで一杯。その意味で、AIFには黎明期のような側面があり、1人ひとりに与えられる権限が大きいと感じています。

中村　AIFで私が目指すのは、日本の社会課題解決に向けた地方分散の実現です。地方から地方へのモビリティの整備も重要だと考えています。現状、地方都市から東京に行くのも、東京をハブにして地方都市へ行くのも簡単です。しかしそれは、一極集中の弊害でしかありません。たとえば会津から京都へ行こうとすれば、かなり大変です。

その解決策として「湖to湖」つまり「飛行艇を使って地方同士を結ぶ交通」を提唱したいと思っています。これが実現すれば、地方同士がより近づき、日本地図の形も変わるのではないでしょうか。それができれば引退してもいいかなと思うほどです(笑)。

これからも会津若松のスマートシティプロジェクトを推進し、その成果をグローバルに問いかけていきましょう。

おわりに

アクセンチュアの従来のビジネススタイルやビジネスボリュームに鑑みると、この7年10カ月、私たちが会津若松市でやってきたことは、かなりチャレンジングだったと思う。成果創出までに相当の時間がかかったため、体力はもちろん、忍耐力がないと難しいことばかりだった。いくら私たちに成果を出す自信があっても、その過程は市民には見えにくいため、賛同を得られるまでに時間を要したからだ。だが、実際に現地に行ってみて、本当に良かったと思っている。そこに暮らす人々と話し合わなければ分からないことばかりだった。

会津若松市に限らず、日本の地方都市でやるべきことは、まだまだたくさんある。むしろ伸びしろだらけと言って良いだろう。しかし、地方創生政策が始まって5年目に入り、これまでに培った経験を地方の提案に生かすべき企業のほとんどが、そこにリーチできていない。地方の人たちもまた、より良い暮らしのための話し合いはしても大きな行動へと移せず、もがいているのが現状だ。

会津若松スマートシティでは、まず産官学が手を取り合い、オープンイノベーションを生み出せる環境を作った。そして市民に少しずつ参加をうながしていった。今ではコミュニケーション率は20%を超えている。デジタルシフトへの理解も進み、これからは「スマートシティAiCT（アイクト）」を中心に、この機運は一層加速するだろう。

好循環が回りだせば、アイデアがビジネスにつながる。市民から提供されたデータが活用され、新しい製品・サービスが市民から創出されるようになる。スマートシティAiCTが、会津地域のハブとして活用され、市民同士がつながって活発に交流することが地方を活性化させていく。

アクセンチュアの社名の由来は「Accent」と「Future」を組み合わせた造語で、「未来に進むべき方向性を示す」というミッションを持っている。お客様や地方の人たちと対等に向き合い、時には衝突が起こることがあっても、言わなければならないことを言い、やるべきことをやる。この使命を会津若松スマートシティのプロジェクトでも貫けたのは良かったと思っている。

今でこそ、ここまで大きくなった会津若松プロジェクトだが、決して平坦な道のりだったわけではない。反対もあったし、絵空事だと信じてもらえないこともあった。しかし、市民をはじめ関係者の方々と丁寧に粘り強く議論を重ねてきたことが、確かな成果につながっている。

この本を手に取ってくださった地方都市の皆様には、ぜひこれらの方法を参考に、行動を起こしていただきたい。もちろん地方によって持っている資産や解決すべき課題は異なる。会津若松市のやり方をそっくりそのまま実行してもうまくいかないだろう。しかし、本著で示した七つのステップを各地域のテーマに落とし込んで計画を策定し、着実に実行していけば、どの地域でも実行可能だと考える。各地域には、医療や農業、ものづくりなど得意分野を持った大学やプロフェッショナルが存在するはずだ。だからこそ「会津大学があるから、できたのではないか」と思わず、是非チャレンジしてほしい。

街を改善しようとするとき、「タテ」「ヨコ」「ナナメ」にさまざまな切り口がある。だからこそ、その地域の一番の財産である市民の力をレバレッジしつつ、企業が関心をもってくれるような地域の資産や課題を用意できるかが成功のカギになるはずだ。

会津若松スマートシティでは、自分たちの地域は何があって、何が得意で、どういう未来を作りたいのかを、市民を巻き込みながら一所懸命考え、賛同する企業に集まってもらい、対話を重ねながら一歩ずつ進んできた。

現代は、地域がトライしたい課題やサービスを1社だけで解決できるという時代ではない。他者・他社を巻き込むことが重要だ。今の時代にそぐわなくなった既存の組織をアンバンドル（バラバラに）して、最適なメンバーと緩やかにリバンドルすることで海外に負けない日本発のイノベーションや新しいサービスをスピーディーに創出していけたらいいと思う。

複数領域をまたいで包括的に考えるスマートシティは究極の地方創生であり、街づくりである。会津若松市では、市民、市役所、大学、企業、病院など、さまざまな立場の方々が参加してくれた。古い組織や文化や考え方を〝Dare to Disrupt（あえて壊す）〟してみたら、想像以上の化学反応が見られた。今後、そういった化学反応がみなさんの住む地域でも見られるようになれば、きっと日本全体が変わっていけるだろう。

最後になるが、スマートシティ会津プロジェクトを共に進めてきた、会津若松市、会津大学、スマートシティ推進協議会、商工会議所、観光ビューロ、地域の金融団、メディアの方々、何よりプロジェクトに参加いただいた市民一人ひとりの方々に感謝申し上げるとともに、今後も共にあるべき未来を追求できれば、これ以上の喜びはない。そして、この執筆において大変お世話になった株式会社インプレスの志度 昌宏氏、株式会社ファーストプレスの上坂 伸一氏、中島 万寿代氏、林 美咲氏、本プロジェクトではアクセンチュア株式会社の大河原 久子氏、藤井 篤之氏、谷本 哲郎氏、村重 慎一郎氏、拠点化を推進してくれた土居 高廣氏、相川 英一氏、齋藤 政志氏、武藤 藍氏、広報では山田 和美氏、神田 健太郎氏、書籍化に当たっては高坂 麻衣氏、佐藤 平太郎氏のそれぞれには改めて多大な感謝を申し上げたい。

2019年4月吉日

海老原 城一（えびはら・じょういち）

アクセンチュア株式会社　戦略コンサルティング本部
公共サービスグループ統括 マネジング・ディレクター

東京大学卒業後、1999年アクセンチュア入社。行政、公共事業体、民間企業の戦略立案から大規模トランスフォーメーションプロジェクトまで多く携わる。Corporate Strategyの立案や新制度・サービスの設計から導入による効果創出を実現。近年では、技術の進展に伴うデジタル戦略策定業務やスマートシティの構想立案に多数従事。2011年の東日本大震災以降、復興支援プロジェクトの責任者を務める。

中村 彰二朗（なかむら・しょうじろう）

アクセンチュア株式会社　イノベーションセンター福島
センター長

2011年アクセンチュア入社。「3.11」以降、東日本の復興および地方創生を実現するため、首都圏一極集中のデザインから分散配置論を展開し、社会インフラのグリッド化、グローバルネットワークとデータセンターの分散配置の推進、再生可能エネルギーへのシフト、地域主導型スマートシティ事業開発等、地方創生プロジェクトに取り組んでいる。内閣官房　未来技術×地方創生検討会　委員。一般社団法人オープンガバメントコンソーシアム代表理事。一般社団法人日本IT団体連盟副会長。

■商品に関する問い合わせ先

インプレスブックスのお問い合わせフォームより入力してください。

https://book.impress.co.jp/info/

上記フォームがご利用頂けない場合のメールでの問い合わせ先

info@impress.co.jp

- 本書の内容に関するご質問は、お問い合わせフォーム、メールまたは封書にて書名・ISBN・お名前・電話番号と該当するページや具体的な質問内容、お使いの動作環境などを明記のうえ、お問い合わせください。
- 電話やFAX等でのご質問には対応しておりません。なお、本書の範囲を超える質問に関しましてはお答えできませんのでご了承ください。
- インプレスブックス（https://book.impress.co.jp/）では、本書を含めインプレスの出版物に関するサポート情報などを提供しておりますのでそちらもご覧ください。
- 該当書籍の奥付に記載されている初版発行日から3年が経過した場合、もしくは該当書籍で紹介している製品やサービスについて提供会社によるサポートが終了した場合は、ご質問にお答えしかねる場合があります。

■落丁・乱丁本などの問い合わせ先

TEL 03-6837-5016　FAX 03-6837-5023

service@impress.co.jp

（受付時間／10:00-12:00、13:00-17:30 土日、祝祭日を除く）

- 古書店で購入されたものについてはお取り替えできません。

■書店／販売店の窓口

株式会社インプレス 受注センター

TEL 048-449-8040　FAX 048-449-8041

株式会社インプレス 出版営業部

TEL 03-6837-4635

Staff　デザイン／吉村 朋子　本文制作・イラスト図版／西村 均（ニシムラ・グラフィックス）

SmartCity5.0　地方創生を加速する都市OS

2019年5月1日　初版発行
2022年2月21日　初版第6刷発行

著者　アクセンチュア＝海老原 城一、中村 彰二朗
発行人　小川 亨
編集人　中村 照明
発行所　株式会社インプレス
〒101-0051　東京都千代田区神田神保町一丁目105番地
ホームページ　https://book.impress.co.jp/

印刷所　大日本印刷株式会社

ISBN 978-4-295-00614-5 C0034
Printed in Japan